东方
文化符号

江苏美味

余 斌 著

江苏凤凰美术出版社

图书在版编目（CIP）数据

江苏美味 / 余斌著. -- 南京 : 江苏凤凰美术出版社, 2025.2. -- (东方文化符号). -- ISBN 978-7-5741-2761-6

Ⅰ. TS971.202.53

中国国家版本馆CIP数据核字第2025RR0375号

责任编辑　唐　凡
设计指导　曲闵民
责任校对　孙剑博
责任监印　张宇华
责任设计编辑　赵　秘

丛 书 名	东方文化符号
书　　名	江苏美味
著　　者	余　斌
出版发行	江苏凤凰美术出版社（南京市湖南路1号　邮编：210009）
制　　版	南京新华丰制版有限公司
印　　刷	盐城志坤印刷有限公司
开　　本	889 mm×1194 mm　1/32
印　　张	4.625
版　　次	2025年2月第1版
印　　次	2025年2月第1次印刷
标准书号	ISBN 978-7-5741-2761-6
定　　价	88.00元

营销部电话　025-68155675　营销部地址　南京市湖南路1号
江苏凤凰美术出版社图书凡印装错误可向承印厂调换

目录

引言 ……………………………………… 1

拼死吃河豚 ……………………………… 4

扬州狮子头 ……………………………… 10

软兜 ……………………………………… 16

肉酿面筋 ………………………………… 21

天目湖砂锅鱼头 ………………………… 26

烫干丝 …………………………………… 32

手剥虾仁 ………………………………… 37

大闸蟹 …………………………………… 43

炖生敲 …………………………………… 48

盱眙龙虾 ………………………………… 54

喝馄饨 …………………………………… 63

蒲包肉 …………………………………… 69

阳春面 …………………………………… 74

秦邮董糖 ………………………………… 79

文楼汤包 ………………………………… 84

鸭血粉丝汤 ……………………………… 89

旺鸡蛋与活珠子……………… 93
蒸饭包油条…………………… 99
美龄粥………………………… 103
东台鱼汤面…………………… 109
肴肉…………………………… 114
镇江锅盖面…………………… 118
徐州饣它汤…………………… 123
豆腐圆子与子糕……………… 128
十样菜………………………… 134
黄桥烧饼……………………… 140

引 言

关于江苏，有种种概说，从在全国的地位上说，称"经济大省""文教大省"；从地理、物产上说，惯称"鱼米之乡"……这是趋于正经地说，"吃瓜群众"式或段子式的说道，则有别样的观照。最流行又带有调侃的说法，称江苏是"散装"的，十三个市，戏称"十三太保"，指的是江苏各地方的彼此不服，各行其是，难于号令。这在多大程度上可以当真，多大程度上只能看成"戏说"，取决于你说的是哪一方面。至少在饮食上，说江苏是"散装"的，并无大错。别的省市自治区，饮食自然也不能笼而统之地说，川菜、粤菜、鲁菜都还要再加分解，事实上以县为单位的话，还得细分。但江苏的饮食更难"一言以蔽之"。中国饮食，最大而化之的划分，是"食分南北"，江苏的饮食地图却不能尽行纳入"南"的范畴中去：徐州整个就是北派的调性，与江苏大部分地方可纳入其中的"淮扬菜系"完全不搭调，绝非"淮扬"所能涵盖。单以饮食的跨度之大而论，别的地方比不了。这也是行政区划的变动有以致之。

　　仅此一端，也就见出要将江苏的代表性饮食一网打尽，殊非易事。好在谈论吃吃喝喝不比搞选举，不必按比例分配选票，不必搞平衡，主观一点无妨，即使"独裁"一把，也不会引起什么灾难性后果。本书中写到的吃食，有不少当做一地美食的符号，无可争议，比如东台鱼汤面、高邮的董糖、如东的蛏汤、镇江的肴肉、徐州的饣它汤……有些就难说，比如蒸饭包油条，固然是南京人早餐的重要角色，但要把它作为南京人盘中餐的代表，或许就要商榷了，若是就南京的美食排座次的话，排到多少位能轮上，我也不知道。有些美食大名鼎鼎，但书里却没写，比如连云港闻名遐迩的豆丹。

　　写与不写，这里的取舍并无一定之规——千真万确，搞了一回"独裁"。当然，这一番在江苏各地饮食中的"挑食"，也不是完全随机，大体上总还是符合地方饮食的主旋律，或者是有来历的，或者是老百姓"喜闻乐见"的，绝对有"群众基础"。偏于小吃而非"大菜"几乎是必然的：在吃方面，占据我们核心意识的（你说是"执念"也无不可），通常总和日常性相关联，寻常、可及的吃食才是所谓"乡愁"的绑定之物。

　　本书并非江苏美食概述，亦非江苏菜谱。对应于这两类书的作者，应是专家和厨师，二者的身份均赋予其知识上的权威性，此非笔者所欲，更非笔者所能。这里固然也会涉及某样吃食的来历，然大略止于"道听途说"，个人偏好武断其间，花絮性质，与有板有眼的考据全为两事。偶或也提及做法之类，然止于"八卦"，属"外行看热闹"式的描述，可操作性等是"置之度外"的。

也就是说，这本小书非专家亦非会家子练家子的视角，乃是业余爱好者的视角。业余爱好者所应采取的恰当姿态，是"重在参与"。我于饮食，与其说是提供确凿的知识，毋宁更是体验的分享。读此书的读者若对江苏饮食略知大概，固笔者所乐见，你若对书中所记生出好奇之心，则笔者才算真赢了，若你已然口角生津，那笔者就赢麻了。

拼死吃河豚

要是以食而后快的冲动的强烈程度去判断的话，天下至味，应该是河豚——"拼死吃河豚"的说法小时候就有耳闻，据说是"古已有之"。但是而立之前，河豚于我，纯粹是一个传说，不要说吃，见也没见过。

好多年后才知道河豚长什么样。汉字里"豕"即猪，含"豕"的字多与猪有关，"豚"字有个意思，就是小猪（日料里"豚骨拉面"即猪骨头汤拉面）。问题是，河豚作为一种鱼，和猪有何瓜葛？似乎怎么说都太牵强了。总不能说它鼓气时肚腹"肥胖"起来，与猪有几分形似（或者竟或"神似"）吧？

河豚体量不大，受敌时的反应是膨胀起来，皮上的刺炸起，把自己弄得像水中刺猬，虽然它的刺短到不值一提。我见过真容——不是已成盘中餐之后，是宰杀之前鲜活时的样子：

大师傅将它从水里拎出来，它立马就自我膨胀，变

成一个球形,像超级大胖子的脸,五官被挤到一起,缩作一团,大面积的"留白"。侧看如球,待放到案上,圆溜溜的肚子受挤压,接触的部分变平了,俯视好似一尾鱼趴在冰上,下面白馥馥的肚腹如同连体雕塑的基座,仿佛不属于它。看肚子,马上想到过去熟悉的"肺都气炸了"一类的描述,它的脸上却一点也不"义愤填膺",我以为用"一脸的无辜"来状写它的神情至为恰当。两相对照,用古早一点的说法,憨态可掬;时兴的说法,蠢萌蠢萌。

但吃货肯定不是因为河豚蠢萌的长相就要以命相搏,食而后快。看似人畜无害,河豚其实含剧毒,应该是其有毒物质很特别,给了个专名,叫"河豚毒素",卵巢(鱼子)、肝脏有剧毒,其次为血液、眼睛和皮,据说仅0.5毫克的河豚毒素就能毒死一个体重70公斤的人。故有"味胜山珍，毒似砒礵"的说法。因吃河豚废了、残了、死了的事情都曾发生过。就是说，"拼死吃河豚"不是说说而已，当真会吃出人命的。

中国人如果在别的事情上并不富于冒险精神，那么作为"食为天"的民族，在吃上面甘于铤而走险，倒也不让人意外。但事涉人命，"民"不究，"官"不能不管。很长一段时间，这事儿是被管起来的，卫生部门有严格的规定，严禁餐馆经营。若是悄悄地干，有人举报，被逮着了，吃不了兜着走。当然与别事一样，既然诱惑这么大，商家自会开动脑筋，"潜规则"还是有的，不能明着来，就打别的旗号，据内行人称，有一度，南京的餐馆，凡渲染"鲃鱼"二字的，便有暗自做河豚菜的嫌疑。

只有一个地方属于"法外施恩"，吃河豚全无"地下"性质——我说的是已把河豚做成了地方名片的镇江扬中。去过两次扬中，十几年前的事了，河豚还没开禁。其中一次是在那边有业务，对扬中极熟的朋友领去的，从镇江开车过去，开了一阵他笑说，已在扬中地界了——只要看到餐馆大鸣大放将"河豚"二字招摇起来，就一定已到扬中。坐在车中，菜单是看不到的，然店家往往在墙上、窗玻璃上将"河豚"广而告知，极为抢眼。

河豚的老家在海洋，分明姓"海"，只因清明前后洄游到长江中下游，被视为美味，稀里糊涂就被姓了

"河"。事实上沿海好些地方都有河豚，海边的人也食用，只是远不如江南人那么疯狂。堪称河豚第一代言人的苏东坡就是在江南被这美味俘虏的，有"竹外桃花三两枝，春江水暖鸭先知。蒌蒿满地芦芽短，正是河豚欲上时"的诗句为证。作这首诗时坡翁身在何处，所写具体是哪里景象，好事者多有争论，然总是沿江一带。河豚并不是在扬中才能吃到，江阴等地都有吃河豚的传统，但扬中人坚称地形的关系，扬中因地形地势，是河豚最爱待的地方，也最是肥美。

这么说，江阴等地的人可能不答应，不过扬中人对河豚更"视同己出"，外地客来，主人若要有面子，请吃河豚就是题中应有。上点规模的公司，内部的食堂多聘有专擅河豚的大师傅，水准在一般餐馆之上。奔这里来，是吃味道，不是吃排场，摆盘那些个讲究免了，但例有专门器皿盛装，且是三件套的模样：一是鱼皮，褪下来单独放，像是胶质的套筒；二是鱼的正身，没啥说的；三是鱼白，白馥馥一条，鲁菜里做成一味，号称"西施乳"的便是。各是各的口感，各有各的鲜美。好皮的，软糯厚厚一圈吃下去，满嘴的胶原蛋白，翻在里面的小刺微微扎舌带点微麻，鱼肉则细嫩不言而喻。我最好的还是鱼白，即是它的精巢，有一种说不出的膏腴之感。

据说精巢与其他内脏恰是剧毒藏身所在。处理河豚因此是一项专门的活计，大师傅术有专攻，要价也高，算账倒是极方便：工钱与鱼是同价，做一斤鱼，工钱就是一斤鱼的售价。饶是如此，也不能保证中毒之事绝不会发生。所以吃河豚还得留后手，以防万一。发现情况不妙，就得催吐。我有位同事是扬州人，父亲行医名扬一方，常被请去吃席，他小时会被带了同去饱口福，吃河豚是盛事，去过不止一次。每去必见席下备有一物，椰子大小，上插一麦秸秆，道是"粪青"。这"粪青"扮演的是强力催吐剂的角色，服下之后得能保证中招者将腹中之物呕个一干二净。我问同事"粪青"究竟为何物，他忍不住笑道："就是大粪啊！"

当然，这是几十年前的事了。现而今河豚早已大量养殖，市面上不见野生的，而养殖的河豚却无毒性。于是河豚不再是餐馆的禁忌，合法性不是问题，成过明路的了。吃河豚也不再具有冒险色彩，"拼死吃河豚"已是过去时。有意思的是，价格下来，安全有保障，说到吃河豚，大感兴趣的人似乎反倒少了。我因此怀疑过去的人提到"拼死吃河豚"时的跃跃欲试（是不是有揎拳撸袖的画面感？），其兴奋劲更在"拼死"，而不在河豚本身——当它是一场胆量、勇气的测试。

扬州狮子头

"狮子头"现在像是肉圆的别称了,好多地方都有。

我很好奇肉圆与狮子何干,却始终未得答案。因号为"狮子头"的肉圆体量均较大,我只好推断,如此命名,乃是喻其大。狮子的头因爆炸式的毛发显得大而威风,王者之相亦肇因于此,所以可以引申为,"狮子头"乃肉圆界的王者,也未可知。好多地方都有狮子头,有的还是地方名菜,比如"鄱阳湖狮子头"就是江西名菜。然而名声最响者,非扬州狮子头莫属。

我是扬州狮子头(或"淮扬狮子头")的铁杆,向以其为狮子头的正宗,凡肉圆称"狮子头"而不是扬州的做法,我都以为是耍流氓:何德何能,敢称"狮子头"?!

我对扬州狮子头最初的认知,是好多年前住珠江路西大影壁时从附近小巷里一路边摊上获得。摊主是扬州人,老夫妻两个都退休了,没事干,在路边支了一口特大号的钢精锅,卖扬州狮子头。扬州狮子头虽也只好往肉圆里归类,但做法却见得特别。用的是五花肉,讲究的是"细切粗斩"——先是切,初为片,后是条,再是粒;斩就是剁,肉糜都是剁出来的,扬州话习惯称为"斩",肉圆径呼为"斩肉",扬州狮子头本地人又称"葵花大斩肉"。

"切"得再细,终是切,加上"粗斩"的强调,最终都指向了"粗"。不像通常做肉圆,以剁得细为好(贡丸之类似乎是细到极致,真正的肉泥),到一定程度就收手,不能叫肉糜,只能说是较小的肉丁,出锅了在肉圆的"集体"里亦依稀看出"个体"的状态,这里面又有一定比例的肥肉,肥肉烧了之后不像瘦肉缩得厉害,肥肉丁也就更见分明。

狮子头的烹制也特别,其实也并非只有一途,那对老夫妇却坚称他们的做法最传统,因而最正宗,——即是清汤白水地炖。经油炸的肉圆不易

散，所以个大的肉圆通常都有油炸的程序，炸后外面像有薄薄一层壳，虽再加烧煮也还有特殊的口感。似乎只有小的肉圆才一径在水里氽熟，大了用水氽的法子就不太好办。扬州狮子头因肉是粗斩，黏和度甚低，动静稍大就散到不可收拾，弄成白水煮碎肉，味道散去，没法吃了。故都要小心翼翼安顿好了，加了适量的水用文火慢慢地炖，中间再不碰它。餐馆里的清燉狮子头都是连了砂锅端上，论人头的不算，大份的最多也就四只，那老夫妇当街卖，一口大锅里足有几十只，还要盛出让顾客带走，难度确乎大得多。何以能做到锅里堆在一处的狮子头一只只完好无缺，我不知道，唯见他们从锅里弄出来，绝对地轻拿轻放，脸上的表情端凝无比，简直如对神明。照他们的要求，我都是带一口锅去，连汤带水端回来。狮子头盛进盛出颤颤巍巍，粉嫩粉嫩，仿佛吹弹可破，比有一阵"中心大酒店"名声响亮的狮子头，嫩度上不遑多让。"嫩度"一词是我发明的，盖因狮子头吃得就是一个"嫩"字，与潮汕牛肉丸追求的紧实、Q弹，各臻其极。

一味肯定"民间"而否定"庙堂"是不对的，我对那对老夫妇的狮子头记忆深刻，除价廉物美、买得次数多之外，有一因是其充满烟火气的场景。事实上，狮子头有上佳表现的餐馆，不在少数。在南京，最早一批跻身五星级宾馆的"中心大酒店"是一家，"金陵饭店"梅苑的出品也无须多说，后来居上的则是做餐饮在外地也叫得响的

"南京大牌档"。

"南京大牌档"的高端品牌叫"晶丽南京精菜馆"。扬州狮子头在两边都是看家菜。"大牌档"的是清炖,可以一人一客的小份,小罐里一只白馥馥狮子头,清澈的汤中一叶绿菜衬着,清雅可喜,多少和这看相有关,它的相当比例的肥肉并不让人生厌,嫩到几可舌尖碾压,一口下去,感觉是丰腴而不油腻。

"晶丽"的狮子头则是店家的首创。扬州狮子头,清炖、红烧的都有,可能受那对老夫妇影响,我一直认定清炖才是经典款。事实上红烧也并不鲜见,"晶丽"的就是。特别之处在于浓油赤酱,关键是,个头来得特别大。似乎要刻意彰显王者之相。他家锐意做大做强:绝对是超

大规模的狮子头，极具视觉冲击力，每上桌即因其硕大无朋引来食客的惊呼。据说一个要用到一斤六两肉，事实上老板原先有更大的野心，想以二斤半肉成其好事，终因难度太大，站立不住屡屡垮塌，不得不降格以求。就现在这样，已属不易，须知狮子头来得松散，现在为解油腻加入的马蹄碎，并无黏和的功能，偌大身坯，如同一大胖子，往下出溜瘫作一堆才是"顺其自然"，站住了不失其形，反倒是个挑战。有家餐馆将清炖狮子头做到了霸王级别，个头比"晶丽"的还大，然而清炖是有汤托着的，狮子头浮沉之间终是有"靠"，"千斤鼎"四无依傍，只下面垫些绿叶菜以为衬映，块然独存，相当之"独立"，其保持站立姿态，难度要大得多。每在"晶丽"见他家狮子头不可一世地隆重登场，我都会猜想店家使的是什么招，却想不出个所以然。

　　"晶丽"菜单上，这道菜不叫"狮子头"——这么叫太一般了，老板不想让其泯然一众肉圆，包括一班扬州狮子头，特专立一名，唤作"千斤鼎"。中国菜肴的命名有"大写意"的一路，常让人"不明觉厉"，许多人闻说"千斤鼎"，第一反应不是项王力能举鼎的联想，而是因谐音想到抬起重物的工具"千斤顶"。怎么想都无所谓，关键是能传达出侧漏的霸气，你看食客一见之下的惊呼，便知他们的反应：果然"名不虚传"。

　　"晶丽"挨着南大鼓楼校区，很自然成为南大人的待客之所，不论公私，"千斤鼎"几乎是席上必点，食客大多不会不知所云，因多半已有人预报。不谈口味，单是它大到足以产生惊悚的效果，就让它有看点、有记忆度。结果是众口纷传，俨然成为肉圆界的一则传奇。

但"千斤鼎"也有"为名所累"的时候，有个外地朋友就曾因其标新立异的名号，疑惑它算不算扬州狮子头？我很肯定地告诉他：绝对的，扬州狮子头的本质规定性，在其"细切粗斩"而来的松散的颗粒感，一定的肥瘦比、慢火久炖的鲜香软嫩，其他种种，都可变通。"千斤鼎"不论如何求新求变，却是万变不离其宗。

我对"千斤鼎"的意见只有一条：以其体量，要吃非得聚众前往，人头少了，绝对没法点。有次四人去，点了一份，人人称善，只是吃了半天，盘中仍兀自庞然。红烧是浓墨重彩，不比清炖的轻描淡写，从视觉到吃感，均奔着浓重去，"晶丽"的芡汁更是极致的浓郁。我们不舍美味，居然吃了个八九不离十。

得承认，至少是我，有点吃伤了。

软兜

无论中餐、西餐，菜肴是分等级的，或者说，是有角色分配的，有的扮主角，有的扮配角，配角可以演技逆天，但那份好还是配角的好，"逆天"到"改命"的程度，几乎没有。比如川菜里的"麻婆豆腐"，绝对人见人爱，然在一桌席面上，再怎么出彩，它也不可能被当做一道"硬菜"。主角配角，和食材价格的高低大有关系，首先是荤与素，鸡鸭鱼肉，凡从处理，都唱得主角。淮安的"软兜长鱼"，演的即是大戏，席上都可充"硬菜"。长鱼即鳝鱼，鱼类中色在黄黑之间，长得像蛇的便是。

很多地方都有吃鳝鱼的传统，然或许江苏淮安，才是鳝鱼菜肴的顶流。那里鳝鱼的熟制花样百出，可做出整席的鳝鱼宴。其中又以软兜长鱼，最是闻名遐迩。

软兜是淮安名菜，据说左宗棠视察淮河水患驻节淮安，淮安知府特调大厨专为他做软兜，左大人称善，逢慈禧太后七十大寿，便推荐此味为淮安府贡品。照此说来是早已"载入史册"的，新世纪以前却就是不大见到。

　　我小时就喜食鳝鱼，起先却不是因其味美，而是不像其他鱼类，吃时要和鱼刺搏斗，稍不留神就被卡。只是之前所食，在家里是五花肉与鳝鱼段一同红烧，在餐馆里多是炒鳝丝、响油鳝糊、大烧马鞍桥之类。也不知从何时起，南京的餐馆里，这些吃法都有"退居二线"的意思，鳝鱼肴馔，"长鱼软兜"渐渐浮出水面，且有独领风骚之势。

　　在我的美食单里挂上号之前，应该偶或领教过的，或是因为不地道，或是一大桌人酒中喧闹，无暇细品，只作寻常炒鳝丝看了。

　　也是与炒鳝丝不无形似有以致之。盖软兜选用的是笔杆粗细的小鳝鱼，不似鳝片的宽展、鳝段的粗大。烧时并

不截长为短，上了桌从盘里用筷子搛起，两段垂下，若小儿兜肚带，其名即由此而来。我不知就里，有次席上又碰到，还强不知以为知冲服务员道："你们厨师也太图省事了，鳝丝就懒得切几刀？"不道座中有一朱姓大学同学，瞪大了眼看我："不至于吧——没吃过软兜？！"

原先只知道他好酒，"洋河"成箱地买，这才晓得，在吃上也是会家子，而且软兜是他的"专攻"，上馆子必点，南京各家的软兜吃遍了。此次出版社做东选在这里，就是从他之议，他的理由是，此处软兜别家没得比。席上本当谈什么选题的，结果他几杯酒下肚，开始给众人做软兜启蒙：来历、做法、妙处、高下的鉴别，说得神乎其神，令人觉得这道菜简直深不可测。再下箸时，由不得你不端正态度，我因前面露了怯，更是唯唯诺诺。

细品之下，这家的软兜也真是可口。与鳝鱼一般做法不同处，软兜是将活鳝丢滚水里汆，待小鳝不再乱窜，嘴张开了，再捞出去骨取肉、清洗，又倒沸水里烫一下，捞起沥干了水分才烈火烹油地炒，装盘时还撒些白胡椒粉。也勾芡，也放酱油、蒜瓣，做出来与响油鳝糊迥异其趣：响油鳝糊味浓，软兜清淡，鲜里透着爽，所放佐料比重不同之外，我想还与醋有关，汆活鳝的水里要搁醋，出锅时又烹入香醋，吃时不觉醋的存在，然在提鲜助成爽滑之感上，必有一功。当然，嫩是不用说的，挑在筷子上颤颤巍巍，尤能显现朱姓同学所说的"嫩度"。

但朱姓同学那次似乎一意要将才艺展示进行到底，不免对厨师高标准严要求起来。除别的细微处指其未如前次他光顾时的尽善尽美之外，他还断言所用算不上地道的"脊背肉"——"把厨师叫来，让他说说这算不算脊背肉！"——原只是当谈资说说的，这时喝得有点高了，大概觉得这家店不给他长脸，当真有点义愤填膺起来。众人打了一阵哈哈才敷衍过去。我疑惑这么小的鳝鱼，哪还分得出前胸后背？怎么取"脊背肉"？

　　后来看菜谱，的确说是"脊背肉"，却未提及取脊背肉之法。再没遇到过朱姓同学那样的软兜高人，这疑惑也就一直留到现在。

　　还有一困惑，涉及淮安另一道有名的鳝鱼菜，叫"白煨脐门"。软兜色泽深浓，"白煨脐门"则如菜名所示，乃是白烧；软兜取鳝鱼脊背肉，这里用的则是肚腹的一块；软兜最后是炒，"脐门"则是坐砂锅上煨。鳝鱼的去腥是一大要义，虽曰"白煨"，酱油、香醋、胡椒这些，一样不少，只不过用的是白酱油、白醋、白胡椒，还有大量的蒜，可说是暗暗下的重手。其汤色雪白、酥软鲜香不去说它了，只说我对"脐门"的不解。以"脐门"来指代肚腹不难接受，谁都有肚脐眼，正在肚腹中央。我的问题钻了牛角尖：肚脐乃是因剪断脐带而来，鳝鱼并无脐带，只有一生殖排泄的洞孔，何来"脐门"一说？

　　与软兜的风行一时相反，"白煨脐门"似乎久已销声匿迹了。多年前建邺万达广场一带开过一家淮安土菜馆子，菜单上有此味，一食难忘，不久后领朋友去吃，那地方已然换了招牌，后来只在淮安吃过一次，也已是好多年前了。从某个角度说，炒软兜与白煨脐门在鳝鱼菜里一红一白，可以相映成趣，曾经也都名声不小，不道现如今一个混得风生水起，一个时运不济，眼见得就要退出江湖，实在令人叹息。

肉酿面筋

油面筋恐怕还称不上无锡的美食符号，即使在"土特产"盛行的年代，外地人心目中，头牌也绝对非酱排骨莫属。但其时（20世纪90年代以前）以视觉效果论，油面筋却足以充当无锡的象征。沪宁线上，旅客从无锡捎土特产有多种选项，其一就是油面筋。油面筋系水面筋油炸而成，未加任何膨松剂，但其膨大却可比膨化食品，一个个比大号汤团还大的圆球，不能挤压，通常是用一种呈三角形的扁平篾篓盛装，篾条编得很粗放，以不使漏出为度。量太少，十个八个的就不成"礼"了，可以想见的，篾篓小不了，金灿灿的油泡在里面挨着列阵，极具视觉冲击力。

水面筋的专利另有所属，油面筋则是无锡人的发明。肯定与此有关，油面筋在无锡人的餐桌上极具存在感。油面筋有"清水""浑水"之分，江苏各地，家常饮食中油面筋入菜，相当普遍。烧青菜加几只面筋，做个简单的蔬

菜汤，丢几只面筋进去，也是有的，但似乎很少在馆子菜里显身。在无锡，所有做本邦菜的馆子，油面筋是不变的风景。印象很深的是清炒油面筋，不同于别处的点缀性质，油面筋在这道菜里是绝对的主角，其他一概为辅。据我想来，配什么可以随意，那家是笋片，而莴笋片、白菜梗之类，都是可以的吧？（我在北京东交民巷左近一家叫"奥华"的天津馆子里吃过一道"虾仁独面筋"，据说是老天津菜，用的是天津油面筋，似乎更有嚼劲，不似无锡油面筋的酥软）。

当然，以知名度为判，无锡的油面筋菜里，唱头牌的一定是肉酿面筋。字典上说"酿"有包裹之意，饮食上说，凡"酿"菜一系，桂林的田螺酿、客家的豆腐酿，都有往里塞的意思,上海、南京,肉酿面筋叫做"面筋塞肉""面筋揣肉",无锡本地人径呼为"肉面筋",——"肉酿面筋"乃是"官称"。免了"酿""塞""揣"一类提示做法的动词,"肉面筋"也许暗示了在无锡人的意识里,肉与面筋的组合浑然天成,理所当然。

作为一道菜,肉酿面筋一点也不高大上,相反,很是家常:比较费事,倒没什么"技术门槛"——左不过是在油面筋上戳个洞,调好的肉馅往里塞进去,再烧一下便好了。有老人的家里,吃到这一款的概率就要大些,所以可以列入"妈妈的菜""外婆的味道"一系。家常到无锡之外,比较容易出现的场景是家里或食堂、快餐店。但就像炒面筋一样,肉酿面筋在无锡是要登大雅之堂的,再上档次的席面也去得。

凡"酿"的菜,做法无非是在充当"载体"的东西上弄个洞,或掏空内部,填以各种馅。油面筋酥松且中空,有似丝瓜瓤

的内部，比以别物似乎更提供了乘虚而入的方便，尤其适合当"载体"。不论用筷子还是用手指，一戳就破，通常手指或筷子还会探进去搅一搅，来一番清场，将油泡内部的"经络"弄到靠边，接下来是"虚则实之"的一顿操作。家烧的，可凭己意在肉馅内做各种添加，马蹄、木耳、笋丁……无所不可，我在人家里还吃过以毛豆米、胡萝卜切碎入馅的。但"肉面筋"之"肉"的规定性不变，饺子馄饨包子，都可有各种馅，肉面筋唯是肉馅。添加也须以不破坏肉感为度，甚至马蹄，也只是增加口感的，别物万不可喧宾夺主。

虽然如此，肉酿面筋不是肉圆，吃肉面筋不等于吃肉，往里塞多塞少，大可随意。无锡肉面筋，一概是浓油赤酱地烧，酱油、蚝油、葱姜料酒之外，大量的糖不可少，最后得勾芡收汁，撒上葱花，衬映深浓色泽，很是诱人。油面筋尽是孔隙，最能沾汤挂水，里里外外，饱吸油脂浓汁，不似汤包的汁水蓄于内，这里是进得去出得来打成一片的，比吃肉圆更显其汤汁淋漓，还要加上外面那层油面筋略带柔韧的口感。就个人口味而言，我宁可肉馅不要塞得太实，油面筋有更大的余地去收蓄浓汁，存在感也更强些。

只是馅少了就撑不住，会往下耷拉，显得皱皱缩缩。餐馆里是不肯牺牲看相的，一概实打实地"酿"，一盘端上桌，只只饱满浑圆，身姿挺拔。说到吃肉面筋，最常见的表述是"一口下去，肉香四溢"。这有点套路化了，不过从某种角度去推论，无锡人似乎真的很喜欢吃肉，特别是以肉馅形式出现的肉。吃玉兰饼、吃手推馄饨，更不用说吃肉面筋，我都吃出很紧实的一坨肉，如同小肉圆，而且来得结棍。

当然，肉馅还相当甜，这是不用说的。无锡人的嗜甜是有名的，苏南一带大同小异。

天目湖砂锅鱼头

吃鱼而将鱼头当重头戏,肯定是"古已有之";"于今为烈",也是可以肯定的。

"于今为烈"是有条件的——得有几道鱼头佳肴扬名立万大出风头,才能有轰轰烈烈的局面。我所知道的鱼头

菜有两样，大有呼风唤雨、领袖群伦的架势。一是湖南的剁椒鱼头，还有一样，就是江苏的天目湖鱼头砂锅。

天目湖在常州溧阳，并非天然湖泊，而是一处水库，原称"沙河水库"，"单位"时代，有个"沙河水库招待所"，显然是对内的性质。据说砂锅鱼头那时候就有了，就地取材，水库里的鱼有的是。当然，声名远扬，是在沙河水库变身"天目湖"之后。

好些以水为主的风景名胜，都是水库变身而来，浙江千岛湖、安徽太平湖、贵阳红枫湖等等都是，天目湖也是。砂锅鱼头的闻名于世，固然因为一众要人、名人的加持，但江湖上初为人知，借的还是旅游的东风。天目湖不像千岛湖、太平湖那样，是被许多人惦着到此一游的打卡地，而更像南京等左近城市的后花园、度假地。更多的休闲色彩让人更有品味美食的余裕，乃至本身成为一个项目，游天目湖，品砂锅鱼头，似乎早早就深度绑定了。

许多人和我一样，都是从去天目湖度假的人口中知道了砂锅鱼头。风景名胜，多是将当地或别地的美食移植过去，填补饮食上的匮乏，甚少像天目湖这里，自创出一道美食，从僻壤走向稠人广众的。

后来江浙一带餐馆里砂锅鱼头纷纷在菜单上出现，没准就是天目湖吹过来的风。砂锅鱼头用的是花鲢的头，食材并不难得，按照某种划分，甚至可说是不上档次的。过去菜场里常见的鱼类，有上下之分，鲢鱼属低端，似在最便宜之列，比青鱼、草鱼更等而下之。鲢鱼有花鲢、白鲢之分，前者稍被高看一眼，全因头大，更有吃头。喜食鱼头的，大有人在——一直有"青鱼尾，鲢鱼头"的说法，意谓尾巴与头分别是青鱼、鲢鱼身上的精华部分。只是到了砂锅鱼头出世，吃鱼头专项化了。鲢鱼于是行情看涨，确切地说，是鱼头看涨，菜场里大的鲢鱼不肯整条卖了，鱼头斩下单卖，可卖出鲫鱼的价，余下的部分便宜得多，聊胜于无，卖鱼的全指着鱼头。

当然没谁规定砂锅鱼头必须是鲢鱼头，餐馆里以青鱼、草鱼头顶替也并不鲜见。青鱼肉厚，多被拿去做熏鱼，做鱼片，头是卖不出价的，做成鱼头菜，也不是不行，只是得很大的鱼才充得过，毕竟同样的斤两，青鱼头要小得多。鲢鱼又称"胖头鱼"，其"胖"可知，如同样大小，青鱼头、鲢鱼头的口感应该是差不多的，可能有心理暗示的因素，我总觉鲢鱼吃起来更内容丰富，也更美味。

鲢鱼似乎把肉都长到头上去了，我每见鲢鱼头，会冒出"脑满肠肥""肥头大耳"之类的词，虽然完全不相干（后者尤其不知所云：鱼类哪来猪的"大耳"？）。"九头身"之类的审美这里完全被颠覆，头身比越大，我们越觉得可喜。店家则更喜将鱼头"做大"，恨不得将半个身子都以鱼头论。鱼类没有脖子，头与身并无明确分界，到哪里算"头"，给"自定义"留下足够空间。我想应是餐馆、鱼档共同定义的：越是将更多部分定义为"头"，利润空间越大嘛。你看菜场上身首异处的大花鲢,似乎不是头与身的关系,是比例失调的上半身与下半身。

但我发现,不沿着鱼鳃下刀,多取肉身,还是大有必要。砂锅鱼头是一道汤菜,汤靓不靓,鲜不鲜,很是关键,没有一定的肉身部分,汤的鲜就出不来。此外还有一个好处,是鱼肉和脑壳里的东西有一种对比,都嫩,却是不一样的嫩。

砂锅鱼头没什么刀工的讲究,调味上也是大道至简一路,一般餐馆都办得了,高下之分,更取决于食材本身。鲢鱼价廉,人道是土腥味重,砂锅鱼头讲究突出食材本味,不像剁椒鱼头有重口味的杀招,去腥更是要紧。一些有供货渠道的店家常要标明"水库鱼头",因水库水深,清澈洁净,鱼们生长其间,与池塘里的同类相比,天然

"免疫"。但是当然,更"原汁原味"的,还在天目湖,到天目湖,要来点仪式感的话,又得去"天目湖宾馆"。

创出砂锅鱼头品牌的朱顺才大师,即在天目湖宾馆掌勺。与别处名厨不同的是,他还兼着形象大使,宾馆门口立着他的卡通化塑像,据说重量级人物光临,也是他出面接待。有一年南京餐饮商会在此开年会,我跟了去凑热闹,朱大师亲自下的厨,席上还露了个面,隆重有似领导接见。天目湖周边,更上档次的宾馆有好多家,家家有砂锅鱼头,客人却是身在曹营心在汉,专门跑这儿来吃,有如朝圣。

朱大师倒并不故神其技,所强调者,天目湖现宰杀的大头鲢,天目湖的水,就地取材,有似"原汤化原食"。当然,烹饪之功不可没。这是地道的功夫菜,稍事油煎之后,置于特制的砂锅中,酒与葱姜下去,一动不动,大火一小时,文火四小时,木耳、枸杞点缀之外,只揭锅时加白胡椒,撒一把香菜。

锅是上桌盖揭的,绝对仪式感拉满。每只砂锅都贴了封条的,众目睽睽之下由小车推将出来,到席上当仁不让妥妥的C位。砂锅鱼头在别处有可能是聊备一格,独当一面的时候也有,比如一个席面上,几道过百的大菜之一,然在天目湖,砂锅鱼头是压轴的,推向高潮的大菜,其他都成了铺垫。揭盖等于剪彩,掀开来赫然一完形的鱼头(不似剁椒鱼头的劈为两半)隐现雪白浓汤之中,鱼肉酥烂脱骨，汤则浓到予人"浓得化不开"之感，喝上一口，极鲜，不是轻飘的鲜，鲜得特别醇厚。还有一喜，是揭开头盖之际，满眼是半透明的膏状物，颤巍巍似果冻，不好以肥瘦论，直接就是胶原蛋白嘛。

我对他家这道菜只有一条不满：现今已卖到558一份了。

烫干丝

苏中一带，有吃早茶的传统，不独扬州，泰州、兴化，都有吃早茶一说。广东人吃早茶，"一盅两件"算标配，苏中人的三件套似乎不那么固定，然烫干丝至少是常在其列的。

外地人提到干丝，多半是和扬州联到一起。比起来扬州是大码头，而且似已成为慢生活的象征，以之映带周边，理有固然。姜夔与"淮左名都"的名声干系匪浅，他自创的一首《扬州慢》是入了中小学教材的，虽然词牌里的"慢"乃是指曲式、调性，你想象成现今流行歌曲里"慢歌"的提示也无妨，但人们借"慢"述说着扬州人悠然、舒缓的生活节奏。干丝，在扬州一带是默认已知的，并非豆制品的细丝就算，得是白豆腐干片出来的。主流吃法有两种，烫干丝与煮干丝。先有烫干丝，煮干丝是后进，大范围地看，前者差不多已是被后浪拍在沙滩上的局面了。

干丝怎么个"烫"法？朱自清写过："烫干丝先将一大块方的白豆腐干飞快地切成薄片，再切为细丝，放在小碗里，用开水一浇，干丝便熟了；滗去了水，抟成圆锥似的，再倒上麻酱油，搁一撮虾米和干笋丝在尖儿，就成。说时迟，那时快，刚瞧着在切豆腐干，一眨眼已端来了。烫干丝就是清的好，不妨碍你吃别的。"

袁枚的《随园食单》中有一道"腐干丝"，就一句话："将好腐干切丝极细，以虾子、秋油拌之。"应该就是烫干丝。朱自清说的麻酱油，当是麻油与酱油的混合。袁枚所谓"秋油"系指秋天的酱油——伏后的酱油，最是鲜美。二人所说，小有出入，朱自清是扬州人，对干丝情有独钟，知之其详；袁枚生活时代更早，且食单无所不包，自不能那么"专情"，不及于"烫"之外，也略过了干丝的"应用场景"。

烫干丝和镇江肴肉一样，原本是茶食，基本上见于茶馆而非餐馆。朱自清写的就是茶馆里所见。这倒不是扬州一带独有，周作人一篇有名的小品《喝茶》，写的是南京，也很花了些笔墨在干丝上：

江南茶馆中有一种"干丝"，用豆腐干切成细丝，加姜丝酱油，重汤炖热，上浇麻油，出以供客，其利益为"堂倌"所独有。豆腐干中本有一种"茶干"，今变而为丝，亦颇与茶相宜。在南京时常食此品，据云有某寺方丈所制为最，虽也曾尝试，却已忘记，所记得者乃只是下关的江天阁而已。学生们的习惯，平常"干丝"既出，大抵不即食，等到麻油再加，开水重换之后，始行举箸，最为合适，因为一到即罄，次碗继至，不遑应酬，否则麻油三浇，旋即撤去，怒形于色，未免使客不欢而散，茶意都消了。

这里与朱自清笔下，又有不同：干丝之上，仅有姜丝，并无虾米，大概是最基本的简版了。然令我困惑的乃是"重汤炖热"——照说应是"烫"，何以又"炖"上了呢？我以为是作者"失察"：这里干丝既然是茶余的兼营，必以方便为度，烫干丝开水一烫了之，"炖"的话就须"另起炉灶"，岂不是自找麻烦？

最有意思的是，周作人写干丝捎带出茶馆"浮士绘"。茶客要的是一份悠闲，防着"堂倌"不耐烦，放慢节奏先自喝茶，干丝那边且按兵不动，一杯喝完，续上水，干丝又加了麻油了，方始动筷。堂倌的"麻油再加"是殷勤也是变相催促，两造里有默契，待到"三浇"，就是礼貌送客的意思了。就像旧时澡堂里堂倌给洗完澡歇息的人递热毛巾，递一次是客气，第二次递上还不走人，少不得要给脸色看。

这是过去的风景，那样的茶馆，我小时已不及见，现在更是全无踪影了。没了这样的茶馆，地道的茶食也便渐渐退场。"大煮干丝"的后来居上，我觉得与此有很大关系。主料仍是干丝，松紧合度的豆腐干切为细丝是一样

的，一"煮"之下，口味、意趣，大大不同。烫干丝是烫熟的，仍存着豆制品的气息，包括些许的豆腥，口感也嫩；大煮干丝要用高汤（讲究的还会用鸡汤），此外还要用各种配料，从笋丝、香菇丝、火腿、虾仁到干贝。煮干丝便煮干丝罢了，何以要冠一"大"字？"大煮"一个意思是久炖吧，另一方面，我怀疑也是在有意无意暗示用料之多内容之丰富。"大煮"是大举入味之举，大煮之下，高汤及各种辅料的味道一起聚首干丝，干丝本身的味道倒在其次，却还隐隐托着底，定下清淡鲜咸的调性，有嫩滑的口感来承载清淡之味，总还接着点烫干丝的余绪，只是加法做上去，从烫干丝到大煮干丝，摇身一变，由简素茶食变成一道正经馆子菜了。

的确，餐馆里几乎是大煮干丝一统天下，极少见到

烫干丝。烫干丝委实太朴素，玩不出什么花头，价格也上不去。大煮干丝则已成淮扬菜一道经典，一餐淮扬宴，几乎是必点。假冒伪劣自然也就来了，其实配料无一定之规，只要趋于清淡不喧宾夺主，皆可通融，不可更易的，乃是必须是合适的豆腐干先片后切，以千张丝或机制的豆腐丝代替，口感味道截然不同，干丝不成其为干丝了。

不管烫干丝还是煮干丝，刀工是必须的。基础则是白坯的豆腐干得好，软滑而有弹性，不易折断，如此这般，刀工施展起来才能细入毫芒，又不断不碎。与烫干丝的一味亲民不同，大煮干丝是能上能下的，扬州、泰州等地仍有喝早茶之风，小份的干丝，几元钱一份，档次高的餐馆里，则可卖到一百多元。记不得扬州哪家馆子，价为一百二十八，干丝切得极细极细，具体一块豆干片出多少层，打上多少刀我忘了，当时听了，只觉难以置信。当时还想，到这地步，恐怕于味道关系不大了，那应该是厨艺大赛上的竞技，才不觉奢侈。

手剥虾仁

不大吃鱼虾的人,常容易不辨虾仁、虾米,或是弄反了:认虾仁为虾米,认虾米为虾仁;又或混为一谈,以为是一回事。虾仁与虾米,同一性也不是没有——都是去了首尾剥了壳的虾,然虾米实为虾干,属于干货,虾仁则是新鲜虾肉。一咸一鲜,应用场景千差万别,直似两物。

英语里虾仁有明白译为"虾肉"(shrimp meat),汉语里"仁"指的是果壳果核里的东西(花生仁、杏仁),或是相类之物,想来只因有壳,壳中那一柳肉,就以"仁"视之了。约定俗成,没什么可说的,倘若照"实"叫成"虾肉",反而不知所云。试想在菜单上看到"清炒虾肉",食客是不是顿时茫然如坠云里雾中?

虾仁做出的菜,各地菜谱里都有,免了剥虾的手续,爱食虾者,没有不喜的。不过我相信,苏州人对虾仁的钟情,最是纯粹。苏邦菜里地位至尊的"清炒虾仁",就堪称"纯粹":一盘菜别无他物,也没有多少调味,少许蛋清淀粉上浆，滑炒几下就出锅，端的本色出演。现今大名鼎鼎的"碧螺虾仁""龙井虾仁"之类，可视为升级版，"清炒"的原型还在那里。

"清炒虾仁"并非苏州才有，淮扬菜里早有其一席之地，江浙一带稍有规模的餐馆，菜单上也多半不会缺席。我最初留下记忆，是在学校的"工会小吃部"。20世纪80年代，市场化大潮还未到来，"单位"典型犹存，内外依然有别。"小吃部"一望而知是对内的性质，价格较外面餐馆明显低了一截，水准却一点不低。读研有了津贴，好比贫儿暴富，总找由头和朋友来打牙祭，以至收银台后面墙上的菜单，几乎可以背了。"清炒虾仁"一份是两块五上下，其价位危乎高哉，能称孤道寡。另有一道"虾仁跑蛋"，就要便宜许多。两样都点过，起先喜欢点虾仁跑蛋：虾仁也吃到了，还便宜（此外又觉得比清炒更有味道些）。直到有次和一父母都是苏州人的同学一起点菜。他绝对不是大手大脚的人，却坚持要点清炒虾仁，对我以虾仁跑蛋平替的提议拒不采纳。"这是'清炒虾仁'啊！哪儿贵？！"他说，语气里满是另眼相看，"鸡蛋是什么价？虾仁是什么价？！"还不单是一个价格的问题，而是心理。他的尊崇是自小从父母那里来的，由此我知道苏州人心目中这道菜的非比寻常。

据说苏州的老食客，下馆子必点此菜，好这一口之外，还因认定这是厨师手艺高下的试金石。这道菜做得出

彩，别的菜也差不了。以小说《美食家》闻名的陆文夫，每赴宴的规定动作，是先啖几粒虾仁，口称尝尝味道。又有一说：老派的苏州人待客，喜欢以清炒虾仁作头道菜。以其地位，不是应该靠后一点隆重登场吗？却道苏州话里"虾仁"与"欢迎"发音相近——待客上玩起谐音梗了。

但初时只是有点认知，我的味蕾是滞后的，并不觉有何大妙之处。"贫穷限制了想象"，吃上面的偏于"下饭"影响到我对清淡口味的接受：尚在狼吞虎咽的时日，"清淡"到我这里大有以"寡淡"论处的倾向。淮扬菜特征之一就是清淡，讲究本味的突出与还原，这上面清炒虾仁可为代表。其清淡，来自味道，也来自口感。在苏州人那里，清炒虾仁是要以河虾来定义的，选料并非大者为上，要不大不小为好（河虾大不了，所谓"不大不小"其实是小，个头大的做了油爆虾、糟虾，最小的做了虾酱）。海虾的鲜甜张扬外露，吃河虾当然也要吃一份鲜甜，它的鲜甜却是蕴藉含蓄，微妙得多。撇开这点不说，若是论口感上的细嫩，则河虾远非海虾可比，海水里泡大，海虾仁的嫩限于紧实弹牙，柔和的淡水里长大，河虾仁玲珑一缕，更其细皮嫩肉，口感的细腻，是弹牙与软糯的折中平衡，鲜甜便从这软糯中依稀透出。"鲜嫩"二字，兼及味觉与口感，嫩里透着鲜，鲜里透着嫩——在清炒虾仁里，鲜与嫩是打成一片的。

苏州人对河虾的坚持，我是在有了"手剥虾仁"一说之后才意识到的。此菜名不仅是苏州人的原创，而且别地不是苏州人开的餐馆，就难得一见。不知从何时起，清炒虾仁在餐馆里大普及，普及的代价是冒出了许多杂牌军，价廉的各种冰冻海虾仁纷纷取代了河虾仁，而且配以各种辅料的炒虾仁络绎登台。不知者要赞，虾仁好大！苏州人对"清炒虾仁"的泛化很是抗拒，但要来一番正本清源太难了，谁说"清炒虾仁"非河虾仁不可了？望文生义，涵盖各种虾仁，似乎倒名正言顺。总之大势已去，"清炒虾仁"之名已被更流行的餐饮新势力占去。不甘同流合污，另立"手剥虾仁"之名，可说是捍卫"清炒虾仁"纯正性的无奈之举。

有段时间，手剥虾仁俨然成为本邦菜不从俗流的标志。几次到苏州,不同的朋友盘算领我去吃本地美食,沉吟之间,不约而同都会道:手剥虾仁嘛,要吃一个的。印象中一盘手剥虾仁,比南京馆子里的炒虾仁,贵了一倍都不止,中低档的馆子也还是贵。就像巨贵的鸡头米,这个价在别处是卖不动的,在苏州则不成问题。站在手剥虾仁的高度,苏州人尽显对他种虾仁菜肴的优越感:它的妙处,外地人哪里懂得?!

懂不懂另说,看相的差别却是一望而知。一盘端上来,粒粒饱满,娇小细密,白里透红,晶莹剔透。苏州人炒虾仁,也有配以他物的,比如鸡头米、茭白丁、黄瓜丁,都是清淡之物,断不容稍掩虾仁的清鲜,但"手剥虾仁"必是清一色,"碧螺虾仁"也只淡淡茶味、些汗嫩绿茶尖来烘云托月。"清炒"也是"炒"，欲葆虾仁的嫩，用油不会少，但一无油腻之感，出锅上桌，油烟仿佛是隐了身，只给盘中物打个光。最终的结果，似一切都在做减法，只为本味跃然而出。一般炒菜讲究的镬气可以免谈，成就的是炒菜中少见的清雅一脉。

但"手剥虾仁"的叫法一点不雅，"望文生义"，还容易产生误导。我第一次见到就很是困惑：不是人工的手剥，难道机器剥？后来知道，剥虾确也可以机械化的，但小如河虾，只能是人工活了。或许称"手剥"是对只取河虾的一种提示吧。事实上苏州人对付河虾的法子不是"剥"，是去了头尾后将虾肉往外一挤，这动作有一专名，叫做"出虾仁"，追求鲜嫩，须得趁活着就下手，称"活出"。

不单是餐馆，有些老苏州会从菜场买来鲜活河虾，自己在家里"活出"。多年前有位苏州朋友请吃饭，席间有位老苏州，搞写作的，住在老宅中，相邀道：下次来苏州去他家，他买虾来"活出"，在老房子里喝点小酒，保证比这馆子里更有味道。我一面不胜向往，一面对"活出"的工作量感到恐怖。他却不以为意，一时间我甚至觉得，有必要将他的耐烦、苏州人对清炒虾仁上的较真，上升到对一种老派、精致生活方式的坚守了。

大闸蟹

吃螃蟹的花样翻新,多是伴海蟹而来。我在吃上面不属原教旨主义,事实上香辣蟹、葱姜炒蟹我也都喜欢,尤其是咖喱蟹。只是包括常见的葱姜炒蟹在内,在江南人的概念里,较复杂烹制者与所谓"吃螃蟹"仿佛是两回事儿。前者只是一道菜而已,后者则仿佛自身就是一出戏,

而且，得是大闸蟹，得是那样吃。

大闸蟹的时令特征也使得"吃螃蟹"一事隆重起来：肉蟹四季皆有，大闸蟹则必得是"秋风起，蟹脚痒"之时，届时江南大大小小的城市，"阳澄湖大闸蟹""××湖大闸蟹"（在南京则为高淳的"固城湖大闸蟹"）的字样满目皆是——那才真正有一种吃蟹的氛围。

其实大闸蟹其他季节也不是没有，但江南人吃螃蟹是以膏蟹为目标的，这就须等到深秋才有了。所谓"膏蟹"就是卵巢饱满的母蟹，卵巢俗称蟹黄，江南人对蟹黄的情有独钟，从"蟹黄包""蟹黄豆腐"之类以偏概全的命名即已可见一斑了。于肉蟹以食肉为主，于膏蟹自然是以食黄儿为尚，故母蟹比公蟹更受人青睐。

掀开母蟹的壳，但见中央的部分有红黄二色，酱黄者犹是粥样，橘红者干硬，似鸭蛋黄，明艳照人。这都是"黄儿"，向来都是以干硬者为高的，我却好那粥样的，掰开壳来且不动手，凑上去猛吸一口，妙不可言。蟹黄其实是螃蟹的卵巢和腺体，既然称为"蟹黄"，蟹黄饱满的蟹不知为何不称"黄蟹"而称"膏蟹"。这很容易引起歧义，因我们通常都是将公蟹肚腹中对应于母蟹蟹黄的部分称为"膏"的。字典里说"膏"：指脂肪或很稠的糊状的东西——我觉得公蟹腹中的精华很符合这定义。蒸熟后它呈半透明状，似胶冻，较蟹黄另有一种油润的鲜美，吃起来黏韧，不似蟹黄干硬部分的干涩。若要选择，我是弃黄就膏的。每在食蟹时，座中总有人因摊着公蟹嗒然若丧，而我恰摊着母蟹之际，都慷慨与人交换，并非高风亮节，各得其所嘛。而到了膏黄啖尽进入剥食蟹肉的环节，则公蟹的优势尽显，因公蟹个头儿大而肉丰。后来才知道，公蟹所谓"膏"者并非油脂（说到膏就想到油脂，也不为无因，《三国》里的董卓人神共愤，被施以点天灯的酷刑，就说他肥胖异常，膏油烧得流了一地）。某次和一伙人吃饭，上了螃蟹，席间亮出我的公蟹优越论，旁边的一位一脸促狭，笑问道，知道你好的那一口是什么吗？我不知，众人亦不晓，催他说。他卖了阵关子，最后坏笑着说，是你们逼我说的——是精液！座中两个女士立马攒眉蹙额，整个像是要吐了。我回家查了一下，应是公蟹精囊的精液和器官的集合。那哥们意在恶心人，所说倒也并非没影子。只是此类恶作剧，早先我可称"优为之"，免疫力极强，在这上面绝对持拒绝联想的理性主义态度，故

对公蟹的兴趣丝毫未受影响。

不拘公蟹母蟹，通常吃起来似乎都是直达高潮的——我是说，都是先食其身，后食腿脚，而掀开壳来又必是先将蟹黄蟹膏吃掉，即使那些习惯将最好的一颗葡萄留到最后吃的人也概莫能外。腥与鲜有时是成正比的，越是鲜美者腥起来也格外地腥，往往是冷了就腥，与蟹肉相比，蟹黄蟹膏尤须趁热吃。吃螃蟹既然是慢功细活，吃到后来蟹已趋凉，有个吃家朋友每吃蟹，便将钳、腿先掰下留在锅中，由余热保着温，待食完蟹身再取而食之。这在餐馆里就不行：那里要讲究看相，总不能将螃蟹断其手足地端上来。

高潮过后必是归于平淡，专注于精华的蟹黄党往往很难体味"平平淡淡才是真"的境界，何况吃蟹黄蟹膏不麻烦，剔剥之烦恰恰在于对付蟹肉哩。这上面专门的工具也无济于事，就是说，还是烦。我在一朋友家里见识过"蟹八件"，镀银的，精巧漂亮，小锤小剪，还有许多掏、剔、撬的说不出名堂的玩意儿。铺陈开来，像是要整什么精密仪器，真吃起来就觉得华而不实，还不如因陋就简，所以也就是展览贵族文化（像拍《红楼梦》里的蟹宴）时那么一用吧？即使在高档酒楼里也极少见到。吃蟹的人大多还是徒手操练。在家里则筷子捣捣、牙签掏掏、蟹爪拨拉拨拉，突破蟹钳蟹腿的硬壳，往往还是牙咬。古人的"把酒持螯"听起来好不潇洒，直似有"左牵黄，右擎苍"的气概了，但坐实了想，他怎么对付那蟹螯？持在手中当是未剥的，要维持住那份豪气，只能是当当道具吧？真要体味到妙处，还须坐下慢慢来。虽说仍缺乏耐心，我总算有过那么几次，超越宏观吃法，进入小腿也加剔食的微观，回报是得以领略蟹肉在舌尖那种独一无二的细嫩鲜甜。

当然，蟹黄蟹膏怎么说也是精华所在，大闸蟹吃膏黄才算修成正果。平生吃蟹最美的一次，是学生送的。好像是从什么养殖中心弄来的，有一篓子。我喊了不止一拨朋友来吃。头天吃的最是鲜美，那些蟹个头儿不大，看着不起眼，剥开来却是满满当当的黄儿，异常饱满，仿佛身上全长这个了，而吃起来又特别鲜而润。后来我吃到过个头儿大得多黄儿也饱满的蟹，却再无这样的味美，比起来，就像眼睛的大而无神。那日座中一人就着黄酒吃得心满意足，微醺中提出了一个相当人类自我中心主义的不近情理的要求或愿望："螃蟹，就该这么长啊！"

炖生敲

南京地理位置上不南不北，亦南亦北，吃上面没什么特点，加以南京人号称"大萝卜"，独出心裁的时候不多，正宗的南京名菜，委实寥寥无几，现在打出"南京"又或"金陵"旗号的，追溯起来，多半是"淮扬"出身。但"炖生敲"百分之百是南京菜。这道菜是有"金陵厨王"之誉的胡长龄自创。胡是南通人，成名却在民国时代的南京，首善之区，达官贵人云集，厨师正可大显身手。"炖生敲"应即创于此时。

也有人说这菜有来历，载于《随园食单》。翻袁枚书，关乎鳝鱼者，为"鳝丝羹""炒鳝""段鳝"三条，"鳝丝羹"条于提示做法之外，忽来上一句："南京厨者辄制鳝为炭，殊不可解"。有人断言，这"为碳"者便说的是"炖生敲"，因这道菜恰是在炖之前要将鳝鱼炸作银灰色的木炭一般。这话我不大信：袁大美食家在吃上面不乏进取心，总不至于仅凭看相不好，尝也不尝，即一笔抹杀，倘若尝试了，如此美味，他倒不能领略？除非他认定食鳝必食其鲜嫩。不过就算享此酷评，"炖生敲"之为地道南京菜反倒更是确凿无疑了。

惭愧得很，生在南京长在南京，我一直没吃过"炖生敲"，也不知道身边有这道名菜，直到十几年前，一个朋友请吃饭。彼时还不兴现如今这样，请客动辄上馆子，大吃大喝时常就在某个朋友家里进行。通常也就约个时间，招呼一声，到时一帮人杀将过去，虽说时能吃到一两道看家的菜，也都是以平常心"不期而遇"。这一次却不同，那朋友广而告知，早有铺垫：压轴菜是"炖生敲"。由众人去酝酿出饱满的情绪。我虽不知那是什么东西，通知电话中也不及细问，却也知道非比寻常了。

到那一日，络绎到达她家的人逮着她便就"炖生敲"

问长问短，有一种更急切的期待氛围，看来"惭愧"的远不止我一个，即或听说过的，也不知所以然。首先那菜名就让人莫名其妙。朋友解释道，"生敲"者，乃指做此菜鳝鱼去骨之后，须以刀背或木棒敲击，令其肉松散，此程序关乎最后的口感，大是要紧。"炖"字无需解释，原本就是一道炖菜，惟炖之前要炸，不是象征性地炸，要炸透，直至水分全部炸出，表征即是表皮爆起"芝麻花"，到此时也就色作银灰，如袁枚所谓"制鳝为碳"了。而后再入砂锅炖。

那朋友纸上谈兵，却不动手，原来她是不会做的，为这一餐，特邀了她八姐来操持。她八姐是从她父亲那里学的这一手，她父亲则是胡长龄亲授。这样算起来，当日是胡长龄再传弟子治的席。她家老爷子我们拜见过的，是位有名的收藏家，圈内大大有名的王一羽。镇家之宝是一紫檀大桌，死沉死沉，其大无比，抬起一角都吃力，据说这尺寸的，全中国也没几张。老爷子人极有意思，收藏成癖，某次在杂货店里看到男性小解用的那种便池，觉得有意思，便收，一度弄了好多个堆着，家里怨声载道，却也奈何他不得。

好收藏的人多半也好吃，并且经常食之不足，要自己动手。老爷子学做"炖生敲"，亦可见其在南京美食中的地位。实则好这一口的大有人在，文人食而眉飞色舞之余，还要形诸笔墨，后来才知道，我所供职的南京大学，已故吴白匋教授就是"炖生敲"的拥趸，有诗句云："若论香酥醇厚味，金陵独擅炖生敲。"

吴老是有名的美食家，见多识广，他说"金陵独擅"，"炖生敲"之为南京专利，更是板上钉钉了。"香酥醇厚"则正道出此菜的特点。那日它是最后登场的，其先冷盘热炒，尽有不俗者，却再也想不起——全因"千呼万唤始出来"的铺垫，合乎吃亦有道的讲究，以至我等目无余菜。

端上来是每人一碗，汤作茶色，有黑白之物载浮载沉于其间，黑的自然是袁才子讥为炭者，白的则是所谓"眉毛圆子"——可以视为肉丸之一种，类乎江南常见的鸡酥、鱼酥，只是全用猪肉，以形状似眉毛而名。当然，得是关公的"卧蚕眉",若仕女细眉则远矣。鳝鱼与猪肉做一处,"大烧马鞍桥"已见端绪,那是焖,这里是炖汤,亦大佳。炒菜不算,煨炖之际,肉、鳝组合,看来也属定式。那汤因是鳝鱼油炸过后再炖,鲜香之外,别有一种醇厚。至于鳝鱼,味美之外,因有"敲""炸"两道工序,又加炖到了功夫,酥而含卤,竟是入口即化。大鱼大肉,还加油炸,应该"油"得不得了了,总体感觉却是腴而清。

众人啧啧有声之际,朋友的八姐,亦即当日大厨,终于露面,大家忙道辛苦。不是客套话,真是辛苦。不言其他,十来人之众,鳝鱼欲其鲜,菜场千挑万选后买回现杀,一条一条地敲,就是烦事。但她高兴,长时间不操练,没把手艺荒疏了,有机会一显身手,乐在其中。像席间名厨登场一般,问味道如何,属题中应有,我们自然不吝赞美之辞,惟有一人,居然大唱反调。那日因机会难得,我经申请批准后,乃是挈妇将雏前往。不知谁问到我女儿头上,她蹙了眉很干脆地说:"不好吃!"真是煞风景到家,令我大觉尴尬。

她其实是喜吃鳝鱼的,只是独沽一味,非软兜不欢。说起来吃软兜要比吃上一顿炖生敲容易得多,因为许多餐馆都做,而"炖生敲"已是难得一见了。推想起来,还是后者费功夫的缘故。其实不仅"炖生敲",凡真正功夫菜,大多已是式微了。店家赔不起功夫固是一因,关键还是食客没了细品的余裕。食而能辨其味，也是需要一份闲情逸致的。

不仅是吃，鳝鱼血还可以敷在脸上。小时有一亲戚一段时间住在我们家，忽一日，嘴巴歪了，说话也变得含混不清，家人大起慌恐，赶紧上医院。医生看一眼就判了：面部神经瘫痪。让回家用一种什么药粉和上鳝鱼血涂敷在患处。当然是照办，大概过了十天时间，歪向一边的脸居然就"改邪归正"。我觉得很是奇妙。据说鳝鱼血是有毒的，那么当然是以毒攻毒了。究竟怎样，没人说得清。

我对此事印象深刻，主要还是因为此番治病要鲜血，鳝鱼必得买回来杀，家里人都没经验，推诿了很久，最后是父亲下的手，细节忘了，只记得起先是抓不住，其后是好像总也杀不死。再就是听说亲戚正在往脸上涂血，我一迭连声地让等一等，从院里飞奔着跑进屋里去看。不想已经完事了，亲戚脸上巴掌大血红的一块，像是肿着。喘息未定之际骤然见到，有几分恐怖。

盱眙龙虾

大概十年前，关于龙虾，我曾洋洋洒洒写过一篇万余字的"宏文"，那时候南京还是小龙虾之都，吃风之盛，远过于别处。这几年形势丕变，湖南、湖北似乎后来居上，特别是长沙，以重口味搏出位，我感觉已将南京甩下了一个身位。

但江苏在中国龙虾地图上的江湖地位仍不可撼动，除了南京仍不失为龙虾重镇之外，还有很重要的一个原因，就是盱眙的存在。若说吃龙虾之风最初也是"起于青萍之末"，那盱眙就是那个"末"：起于盱眙，盛于南京，走向全国，乃是龙虾一虾风行的"三部曲"。最早吃小龙虾的未必是盱眙人，但是在我看来，盱眙堪称革命性的吃法，才是这小东西后来大杀四方的关键。

这里说的龙虾，很多地方的人称"小龙虾"（北京人口中的"麻小"，即麻辣小龙虾），"龙虾"之名则留给海里的大个子。南京、盱眙这边则是反过来的，地方本位，小龙虾径称"龙虾"，海里的则要别加修饰。

不知从何时起，餐馆里的龙虾开始打出"盱眙"的旗号。外地人大约没几个知道苏北有这么个地方，南京人知道也没多少人对得上号，因为多不晓得口中的"盱眙"，写出字来是这样。古汉语里"盱眙"是张目远望的意思，怎么会挑了这么个动词做地名？也是怪事一桩。

然时推势移，吃龙虾之风要能在几百万人的南京城刮起来，本地的那点儿资源，肯定不够。于是号称产自洪泽湖的"盱眙龙虾"大举"入侵"。只是依我之见，"盱眙"之于南京吃龙虾之风大兴的贡献，吃法的输出也是一端。过去南京人吃龙虾，也许并无一定之规（有餐馆经营，才有吃法的标准化，各凭己意在家里鼓捣，自难一律），有一条却似不成文法：下锅之前，一定抽去泥肠剪

去腮，摘去头上的脑（南京人习惯称作"垃圾袋"）。"盱眙龙虾"则采取一种相当偷懒的吃法，入锅之前近乎"不作为"：不去腮，不抽肠，不掀开头盖摘脑子。总之，就像盐水河虾一般，洗了之后就下锅。

过去侍弄龙虾手续较他种虾复杂得多，我想一个重要的原因是忌惮它的脏。故而"盱眙龙虾"袭来之初，南京人是颇觉可疑的，尤其是发现连泥肠也不抽去——这不要吃出病来吗？很有一些人畏葸不前，或是吃得犹犹豫豫。然而吃了并没死人（南京人劝人放胆吃或不净或有其他风险的食物，常以"吃不死人"相劝，听上去像是可吃不可吃要以"死"为度），尽管有人跑肚拉稀怀疑到"盱眙龙虾"头上，谨慎之念还是敌不过好吃之心，因为"盱眙龙虾"确有过人之处，且它的好处又与"不作为"相关。

后来我无师自通地发现，泥肠的去与不去，对龙虾的口感大有影响，去则烧后肉老而松散，收缩得厉害；不去则肉紧而饱满，剥出来肉滚滚的一坨。吃时去了壳拿去泥肠，也并不费事。此前我对龙虾的兴趣，不能说是唯在一黄儿，此时对它一身肉则更是刮目相看了。人同此心，情同此理，我相信"盱眙龙虾"的大行其道，必与虾肉口感的变身大有关系。

这只是从食客的味蕾一面去考察，另一方面，我的一个更为宏观的推断想法亦不难成立：盱眙人在龙虾清理上打开的方便之门，让店家的规模化经营成为可能。试想照南京人侍弄的传统法子，剪须、去腮、摘脑之外，还要剪开脊背（不单是为抽去泥肠，还为了让味道更易透入），如此一只只地弄，大批量地处理起来，须得多少时间、人工？即使熟练如我们家先前的钟点工，一日少则几十多则数百斤的量，有人专事此事也得忙翻。

此点未向业内人士求证，想来大差不差。反正盱眙吃法传入之后，吃龙虾在南京就呈遍地开花之势。这大概是在90世纪20年代中期。先是一些小馆子以龙虾相号召，其后眼见得火起来，像样点的餐馆开始跟进。相当长的一段时间里，价格相当之亲民。中央商场的顶层改做餐饮了，"亚细亚烧鸭广场"的名目不知何所取义，当时颇像样的，那里龙虾就是一亮点，记得一份只需十元钱。汉府街的"宋记香辣蟹"当时算是南京餐饮业的新军，由蟹及虾，似乎顺理成章，事实上完成的则是由高档到草根的跨越，他家堂吃之外，还做外卖，论斤称，十元钱一斤，远近闻名，门口排着队，里面不乏远道而来者。至此，龙虾在南京的"存在"已格外分明，"十三香""麻辣"的字样在大街小巷里招摇，更其活色生香的是小餐馆门口，一张桌，上面或盆或桶，红艳艳一堆龙虾。总之或堂吃或外卖，热闹非常，吃龙虾由家中各凭己意的炮制为主到餐馆九九归一的专业化经营，由吃在家里到吃在外面的"范式转移"，即在此时完成。"南京龙虾"的美名亦从这时开始，不胫而走。

盱眙毕竟码头太小，龙虾风暴的大旗，还得像南京这样的大去处来扛。其情形一如鸭血粉丝汤，镇江人所制其实更佳，到后来其名声却为南京所夺。龙虾风暴后来刮到别处，两大都市北京、上海也在其中，北京人且以吃龙虾上面酷嗜麻辣的缘故，赐以专名，谓之"麻小"（麻辣小龙虾之谓），追溯起来，都是追到南京这儿即止，再不会到盱眙去"认祖归宗"。

　　南京也真不负龙虾之都的名声。其一是吃风之盛，非别处可比。别地龙虾的影响，多限于一隅，比如北京，虽然"麻小"之名甚嚣尘上，事实上却是出了簋街，也许便难觅踪迹了。吃的人群也有限，吃货之外，怕是多为好尝个新鲜寻求刺激的年轻人，不像南京，不分男女老少皆裹挟其中，吃龙虾之念，堪称深入人心。其二是长盛不衰。吃事也是盛衰有时的，别处的龙虾风暴都是刮一阵儿就过去，北京、上海皆如此，短暂的热闹过后即归于平淡，唯独南京，多少年过去，热度依然，甚至愈演愈烈，高潮迭起。

　　一地的食物到别处生根并非易事，往往一阵风过，并不沉淀到当地人饮食的"基本面"中去，必待那一地的人不是吃个新鲜，有家常便饭的意味了，才算是落地生根。倘龙虾须归宗到盱眙，那它在南京已当真是落户了——不仅是每年夏秋龙虾上市的一阵儿热闹常规化，而且南京人整个视同己出，对龙虾的南京属性居之不疑。吃龙虾遂成南京一道风景，外地人来南京，倘正是当令，请客吃饭之际点一份龙虾，似乎成了题中应有之意。南京风味，正牌当然还是盐水鸭，然撇开小吃不论，单说席上"大吃"的，称龙虾为副牌，不算夸张吧？火到这地步，哪家餐馆如果再无龙虾，那就说不过去了。事实上已然没有哪家餐馆面对风靡全城的龙虾还能崖岸自高，四星五星的酒楼也都请进来，待为上宾。那意思是说，龙虾绝非聊备一格，纵使不能如当年澳龙众星捧月般独占鳌头，却也独当一面，唱的是大轴。当然，一入侯门，就是另一番气象了。

原本不登席面的家常菜升俗为雅，所在多有，红烧肉即借"东坡肉"之名（或其他名目）登堂入室，俨然大家小姐模样，龙虾之为上等菜品，命名上倒一直本分，在哪里也直白得很：十三香龙虾、香辣龙虾、清水龙虾、冰镇龙虾、木桶龙虾……命名不外"龙虾"加上做法。但鲤鱼既跳了龙门，从做法、摆盘到吃法，便要往雅的一路去，变得精致细巧起来。

先说做法。小馆子里的主流是"十三香"，顾名思义，是以十三味药材、辛香料烹制。先下锅里炒，而后加水煮上片刻。香辣味的程序也差不多。特点是味重，为保持虾肉的鲜嫩，时间不能长，又因没有开背、去鳃等步骤，要求其入味，放辛香料上面，就必得下重手。故自家炮制者不论，餐馆里经营的龙虾，最初都是往重口味上去。当然这也跟龙虾的个头儿、肉质有关——龙虾属虾家族里的粗坯子，淡水里的虾不用说，即使个头儿更大的海里的龙虾，肉质也要细嫩得多，倘别种的虾也像龙虾般大肆烧煮起来，就难免有暴殄天物之讥。反过来，刺身、醉虾那一路"天然去雕饰"的吃法施之于龙虾，也绝对不相宜。以我的揣想，重口味，也是要压住龙虾的土腥气。后来清水龙虾、冰镇龙虾的出现，似乎有失龙虾的粗豪的"本分"，当然不是龙虾自己不甘寂寞，有出位之意，是龙虾风靡南京之后，店家要升俗为雅，拿它做足文章。任是怎样精心处理，龙虾在鲜美细嫩上面，还是不能与河虾相比，不过有那一大坨肉撑着，精选的龙虾素面朝天起来，也还别有风味——我说的是盐水、清蒸、冰镇的吃法。

这里面我以为最有意思的是冰镇。不知是哪家餐馆的创意：刺身上桌，通常是冰镇，为的是保持其鲜美度，熟食于烹调过后再加冰镇，龙虾之外，还真不多见。冰镇的底子是水煮，应属烹饪中的极简主义，龙虾须生猛，又须处理得特别干净，盐水与不多的几味调料，恰到好处的火候是其关键。火候恰好的清水龙虾冰上一阵儿，即为冰镇龙虾。冷热相激，虾肉有一点儿收缩，吃在嘴里，不失清水龙虾的嫩和饱满，而另有一分紧绷的精致。

头一回吃冰镇龙虾是在湖南路美食一条街上的狮王府，他家的选材极好，大个头儿的龙虾一般大小，一只只"栩栩如生"，鲜红的壳上因冰镇沁出一层细密的水珠，整整齐齐码在长条的水晶盘里，明艳照人、清爽、清淡，看上去居然冰清玉洁起来，有一丝凉意，大夏天里尤其引人食指大动。这已是及于龙虾的看相了。与其卑微的出身、粗豪的吃法相应，龙虾原先在餐馆里也是很不讲究看相的。路边店外卖的姑且不论，小馆子里大盆大碗地端上来（有的店家干脆以小脸盆装，号称为"脸盆龙虾"），也有一种食堂风味。因要龙虾浸在汤汁里入味，常是"拖泥带水"地上来——那汤汁不似一般红烧酱汁的红亮，发黑发暗，确有泥水的污浊感。再加各种调味料混在里面，龙虾身上多有所粘，自然乌乌淘淘。大餐馆据说吃的是档次、品位，原本不上台盘的龙虾到此自然也得袍笏登场，不可造次。随便哪种做法，一概不再有拖泥带水的"原生态"。只是清水、冰镇一路，因不为"十三香"或多少香改易其色，尤显得干净，红也红得越发本色了。

与摆盘一道，吃法上也渐入斯文一脉。此处吃法不是指吃龙虾的一般步骤——那是到哪里都一样的。盱眙有流行的歌诀云："轻轻牵起你的红酥手（拎住龙虾的双螯），慢慢跟我走，掀开红盖头（剥开龙虾的头盖），深情吮一口，褪下红兜肚（剥去尾壳），抽出金腰带（拉出虾肠），让你一次尝个够，常来常享受……"我听过不止一回了，印象深的两次，内容之外，连说者的表情也挥之不去。两次都是在盱眙，介绍者都是当地官员。酒过三巡，龙虾上来，照例有一番介绍，多半是有几分酒意了，通红的油脸与盘中虾色相映照，乜斜着眼带几分卖弄说起来，有意拉长的声调意在突显歌诀的深层含义，唯恐来客忽略了其中的暧昧香艳，末了没准儿还挤眉弄眼说一句，"——你懂哎"。这一番做作想来是上演了无数回了，还当是外人不晓的秘密，却是常演常新，关键是，状颇陶醉。

其情其状，与"斯文"相去甚远。写到此处觉得，我所谓吃法，也许说成吃相更准确。过去吃龙虾，要维持住斯文的吃相，殊为不易。面前的一堆虾壳已然弄得桌上狼藉一片，又是剥壳去肠，又是吸吮的，倒也罢了，关键是龙虾拖泥带水地上来，吃不几只，手上已是沾汤带水，到后来一个不留神，汁水甚或顺着胳膊淋漓而下，弄得狼狈不堪。故有人逢吃龙虾便将袖子卷起。我有回笑说，吃龙虾真是阵仗大呀，揎拳捋袖的，整个是大干一场的架势。此种粗豪的吃法自不见于大酒楼的宴席，首先就不见了满桌虾壳的壮观景象——服务生在一旁不停地换盘子呢。其次龙虾既是"净身"登场，汁水淋漓的狼狈也可避免。店家甚至都会预备了一次性的手套，戴手套操练，完事后了无挂碍。这倒也不仅是吃龙虾，有需手持啃食的肉骨头之类，也是如此办理——也是用餐文明化的举措吧。

我以为吃饭戴手套，终隔了一层，通常是弃而不用。

喝馄饨

小时候很喜欢吃馄饨——其实不独馄饨，饺子、包子、面条也一样喜欢，小儿吃上面也好新奇，俗话说"隔锅的饭香"，即是谓此。事实上即使在自己家里，吃的和平时不一样，也有隔锅饭的效果，上举各项，在南方有对"吃饭"概念整体颠覆的意味（既然平时都是吃米饭），

不像换一两个菜，属"换汤不换药"的性质，故馄饨尤其受到小儿的追捧。此外吃馄饨与吃面又有别，吃面可以是素面，馄饨有馅，且或全肉或多少有些肉，吃馄饨意味着有肉吃，那个年头肉的感召力实在非同小可。

馄饨有大馄饨、小馄饨之分，都是正方形的面皮，大小厚薄不一样，馅的多少亦自不同。家里自做，似乎都是包大馄饨。馄饨皮与饺子皮一样，面铺里有售。北方人有吃面食的传统，过去饺子皮都是自己擀，南京人做不来，多半都是买。

大馄饨以其形状，有的地方人称"包袱馄饨"，包法是将皮摊一手上，用筷子挑一坨拌好的馅搁中间，皮儿卷起成一条，再把两头一粘（好比包包袱最后用包袱皮两角绾一个结），做好了摆放在案上成行排队，就待下锅。我不知道应该说小馄饨的包法是更复杂还是更简单，单看程序，似乎是简化了：用个类似医生探喉咙的扁刮子挑上一点点肉馅往皮上一抹，手掌一握即得，也无须一一小心摆放，一握便朝案上一扔。然而扔了不会破，下到锅里也不会散，在我看来这拿捏之间就颇有技术含量。

也许就与这里的技术要求有关系，小馄饨我只在街上吃过。我说的是"粮票时代"的事，水饺、大馄饨都是论两，饺子一两是六只或七只，大馄饨在南京似只限于新街口老广东那样较大的馆子才有，一两几个记不清了。小馄饨是论碗的，因一两就是一碗，数为十三，掌锅的师傅下好后使爪篱捞出来，一五一十地数了往碗里装。小馄饨个小，不像饺子的一目了然，就常要将爪篱颠两下看个仔细，否则难缠的顾客发现数目不对，或者就要大起争执。

过去街头巷尾常见的馄饨担子，十有八九，卖的都是小馄饨，如今馄饨担子少见了，但固定的店铺还是小馄饨的天下，有号召力的馄饨店，连锁性质的除外，几乎数不出一家做大馄饨的。我想它的"非正式"应是它能找到更多应用场景的一个原因。有拿大馄饨当一顿饭的，小馄饨则适于当消夜、早点之类，三餐的补充或过渡——有点小饿，来上一碗。在早餐里，它常拿来配包子、烧饼等，这个干湿的搭档角色，大馄饨来扮就不那么合适。

关于馄饨，有一种说法似乎只有南京有：把吃馄饨叫做"喝馄饨"。几年前网上流传一首突出南京味儿的嘻哈，就说的是"喝馄饨"。副歌云："我们每天晚上来到老王馄饨摊，不管刮风下雨我们都要来一碗，我们不用筷子不用挑子，喝馄饨，哎，喝馄饨，哎，喝馄饨。"南京话嘻哈，得用南京话演绎才有味道。对外地人，这一句里至少有两处是须加注的。"挑子"即南京话里的调羹，或汤匙。至少在南京，不论大馄饨小馄饨，标配的食具都是"挑子"，因馄饨不比饺子，须连汤带水地吃方好。但吃大馄饨有吃饺子一般喜蘸点酱醋的，这时就须有所变通，筷子介入，不无可取。小馄饨身段太软烂滑溜，筷子根本攥夹不起。所以此处提到筷子纯属陪衬，"不用挑子"才是题眼。啥都不用，那就只有嘴对着碗，喝粥一般地喝了。

医院里的病号饭，有"半流质"的选项，稀饭、烂面条，都是。南京小馄饨，可以"半流"视之。欲其"流"，能够"喝"，对馅与皮都有要求。馅不能多，究竟多少，并无一定之规，但我在网上看到过有人传授泡泡馄饨的包法，对肉馅有量化的描述，称不要超过一颗黄豆的量（泡泡馄饨应归为小馄饨的一个分支，包法特别，有空气进入，煮开后呈半透明的泡泡）。能喝的馄饨，量只有更少，多了就有咀嚼一下的必要了。

馄饨皮则不能加碱。小馄饨的皮小而薄，不要说饺子皮，就是和大馄饨皮相比，也仿佛吹弹可破，要防它破，会加碱让面硬一点，广东的云吞，皮皆发黄，就是加碱的缘故。南京的小馄饨，皮也有加碱的，但你若惦着能"喝"，那就不加或少加为宜。

似有若无的一点肉馅，包入薄而软的馄饨皮，下到锅里一会儿即捞起，已是软烂滑溜，连汤喝下，滑不留口。

馄饨汤与饺子汤不同，是有味道的汤，喝馄饨因而有滋有味。有个朋友对这一"喝"情有独钟，最在意者，即是那种顺滑感，馅多了反而有意见。我说，那你不如去吃面疙瘩。他称口感绝对两样，面疙瘩要在齿间逗留的，小馄饨是轻舟直下，咬嚼是咬嚼的讲究，滑溜是滑溜的讲究。

以他的标准，我唯看重肉馅的多少，以此对小馄饨一概而论，属于"不解风情"。但我觉得在意"喝"或是一派，像我这样的，亦复不少。记得读本科时，南大南园北园之间的汉口路上有家馄饨店口碑极好，很大原因就是他们家的小馄饨，肉馅要多一点。当然，还有一个记忆点，是端取馄饨时大妈南京腔的询问："啊要辣油啊？"

辣油馄饨是那家馄饨店消失前几届南大学生的共同记忆。事实上馄饨是馄饨，辣油是辣油，辣油是加在馄饨汤里的，加与不加，听便，故有一问。大概学生党都是重口味，不仅选择加，还经常要求多加，干脆就给叫成"辣油馄饨"了。我原以为"啊要辣油啊"之问是那家馄饨店独有的风景，后来才发现，在南京很是普遍，"恶意"模仿之下，这也成了由吃小馄饨而来的、南京话的一个梗了。

蒲包肉

在旅游、美食公众号上常看见"县城美食"的字样，觉得实在应该固定下来，成为一个概念。县城美食略等于小地方的美食，它并非一个高下等级的概念——不是说大城市的美食一流，县城的是二流——，而是一个流行范围的概念，它的知名度有限，在一个较小的范围里很受欢迎，有很强的地域性，出了某地，也许就见不到，或很难见到。

"县城美食"和"农家菜"又不是一回事，即使源自民间，"家烧"的性质，"县城美食"也

意味着一定程度的市场化、专业化，至少不是各家各户各凭己意地做，而是有了一定之规，有专门的人来做。至于那些已经冲出县城，走向全省乃至全国的美食，那就不能以"县城美食"视之，另当别论。

高邮的蒲包肉，我觉得就属于典型的县城美食。董糖、咸鸭蛋、蒲包肉，有人称为高邮的三大美食。咸鸭蛋、董糖因便于运输，不怕摆放，早就走向全国了，蒲包肉须现做现吃，似乎也没人想着将其工厂化生产，至今大体上还是见于高邮一地。

我之知有蒲包肉，是从汪曾祺的短篇小说《异秉》里看来的。小说里的王二经营熏烧摊子，摊子上有各种卤味，蒲包肉即其一。长什么样，小说里写得很清楚：

蒲包肉似乎是这个县里特有的。

用一个三寸来长直径寸半的蒲包，里面衬上豆腐皮，塞满了加了粉子的碎肉，封了口，拦腰用一道麻绳系紧，成一个葫芦形。煮熟以后，倒出来，也是一个带有蒲包印迹的葫芦。切成片，很香。

时过境迁，熏烧摊子还么叫，却由当年的搭块板开卖变成了玻璃柜。"熏烧"也须解释一下，这是高邮人对卤味的叫法，事实上熏烧摊子只见"烧"，不见"熏"，卤牛肉、盐水鹅、猪头肉、素鸡、五香兰花干，都是卤制的熟食。高邮人对蒲包肉情有独钟，蒲包肉因此是绝对的主打，就像南京的卤菜店，各种卤味固然都有，盐水鸭、烤鸭却是唱重头戏的，高邮的熏烧摊上，蒲包肉扮演的，就是鸭子在南京卤菜店里的角色。一是熏烧摊上几乎都有，一是每日最早卖光的，几乎必定是它。都是现做现卖，当食客现拆封现切。一堆暗乎乎小蒲包码着，解开系绳，肉滚滚一粉色肉团现身，一脱之下，确有点眼前一亮的味道。也并不都是葫芦形，以我所见，有些摊上所售是多捆扎了几道的，倒出来形似豆腐摊上的素鸡。

外地人见过、吃过蒲包肉的，颇以为奇者，首先是外面裹着的蒲包。蒲包是用蒲草编织而成，蒲草的嫩芽称"蒲菜"，是可以入馔的，淮安的"金钩蒲菜"即是席上的一道名菜，极清鲜。只是可食者唯芯子里的一点点，一盘蒲菜要剥笋似的剥出一大堆"壳"来，

而且季节性极强，过了时令，即不可食。不过蒲草弄干水分编成蒲包，大体上还是和吃有关，"下焉者"是大的一种，用来装鱼虾等水产，小时所见，菜场上螃蟹几乎都是蒲包装的；"上焉者"尺寸较小，裹以蒸煮食物，蒲包肉之外，我还见过蒲包鸡。前者"内容"与"形式"关系更为紧密，内中的碎肉成为一体，就是靠蒲包来塑形的。所谓"上""下"，是说一个装腥气东西，一个要入锅煮，成就熟食，其实"用料"一样，也都是一次性的，用完就扔。

像多数卤味一样，蒲包肉一般是冷食，属冷荤的范畴。塞入小蒲包的肉，有说是碎肉，像灌香肠的那样，有说是剁成了肉泥，调味据说各店家都有自己的秘诀，但大同小异吧，左不过是盐、糖、料酒、葱姜、茴香八角等的加加减减，酱油是不用的，故是粉嫩微红的色泽，切出来似加厚版的火腿片。还有一条，蒲包肉调和时是要加淀粉的，可能就是吃出淀粉味，我有个对食肉一味要求其纯粹性的朋友，居然说蒲包肉吃起来像午餐肉。这类比是对蒲包肉大大的冒犯，也许颜色有点像，口感、味道绝对是两样的，尤其是，午餐肉的防腐剂味道，蒲包肉怎会有？他可能是碰上劣质的了，以我所食，一点也没破坏其"肉感"。

不过作为猎奇式偶一食之的食客，我倒也吃不出多少当地人强调的蒲草味，那似有若无的味道于整体没多少影响，在我这样的外人看来，其作用更多是趣味上的。

都云食者痴，谁解其中味？带有乡土风味的美食，最能解得其味的，还是属于那一方水土的人。食物在此不仅是食物，还是记忆，是乡思。就像汪曾祺写蒲包肉，那是和高邮的风物、高邮的人、高邮的市井气息，打成一片，分拆不开的。

阳春面

阳春面是江南地区著名的传统面食小吃,又称光面、清汤面或清汤光面,汤清味鲜,清淡爽口——官方或准官方的介绍上如是说。

这里的"江南"如是指长江以南的苏南,便有局限性,因阳春面在扬州、高邮、淮安等地比在苏南还有市场;如是指古代的江南(大体上就是长江以南的概念,清代的江南包括江苏、安徽、浙江、江西四省),则阳春面的地图又画得忒大了。江苏、上海而外,即使有清汤光面,似乎也没有"阳春面"。可着头做帽子,我觉得它是淮扬风味的一部分,但得是淮扬风味的核心区(苏南、苏中,加上上海)才有。

光面的"对立面"是浇头面。"浇头"指加在盛好的主食上的菜肴,没浇头,即为光面。但并非凡光面就可称为阳春面——虽然一无所有,阳春面也是有讲究的,对一碗面的基本要求不可放弃:面条得是细碱面,下出来硬

挺爽滑，不拖泥带水；汤底得有三要素：酱油、猪油、胡椒，上桌时还须撒上葱花。三者哪一样为重，说法不一，酱油是打底的，可以不论，胡椒和猪油，皆有人称其为阳春面的"灵魂"。我是坚定的猪油派，虽有阳春面资深爱好者强调胡椒粉须多放，且须黑（胡椒）粉白（白胡椒）粉兼施，胡椒粉也的确有味觉上的戏剧化效果，但它抢不了猪油的戏——一勺猪油才是画龙点睛的那一笔。

现今的年轻人不知怎样，"七〇后"往前，中年以上的人多少都有点猪油情结或猪油崇拜。猪油又称荤油，在荤食稀缺的年代，猪油乃是我们抵达"荤"境最便捷的途径，最最简易版的吃荤。烧青菜、下馄饨、吃菜饭，例须猪油的参与，有与没有，委实大不一样，好比王国维《人间词话》里说的"著一字而境界全出"。烧青菜、做菜饭一般都是自家料理的,阳春面则大多是在外面吃,一角钱上下一碗,比一碗小馄饨便宜,却更抵饱,而且我觉得,阳春面和菜饭一样,都是更能将猪油的香发挥到淋漓尽致的。

我喜欢上阳春面是在读大学时。学校的工会小吃部早上有供应,比小笼包更抢手。对穷学生而言,后者太奢侈,只可偶一食之。面条得一锅一锅下,众人饥肠辘辘,翘首以待,但等师傅推着小推车出现,一碗碗面整齐排列其上,碗中淡褐色清汤因小有颠簸微波荡漾,葱花是青葱的绿,星星点点,凝冻的猪油系最后加入,将融未化,边缘已见透明泛出油花,中间犹存玉脂样一点白,香味随腾腾热气俱来,幸福感油然而生。如果说胡椒粉主要负责对味蕾的刺激,那一点猪油便是"治愈"的担当。

然而时过境迁,我觉得阳春面早已是春风不再了,至少在大城市里是如此。不知苏州的面馆如何,在南京,似乎很难在哪家的菜单上发现这一款了。曾几何时,我再注意到它的存在,已是在大酒楼餐厅的宴席之上。下面这一幕渐成南京人吃席的规定情景:酒足菜饱,意兴阑珊之际,服务员上前询问:要什么主食——阳春面?菜泡饭?扬州炒饭?选中阳春面的不在少数。于是一大份阳春面端上来,或是已先行分装,一人一小碗。我在南大工会小吃部所食是早餐,一碗是二两的量,面铺则通常有二两/三两的选择，从未见过分量这么小的。当然，这已是在宴席的尾声，高潮已过，人人都已七八分饱，喝酒的人更是肚里"余无剩意"，主食可有可无，点缀而已。

就是说，阳春面已经从一顿饭的饱肚概念变为酒席上主食的一个选项，可以说是入了豪门。从另一个角度说，是丧失了"主体地位"。卖不出价，无利可图是一因；生活水准提高，物质匮乏特殊背景下产生的美食不再诱人，又是一因。当然乌鸦可以变凤凰，升级升格，往豪华版里去。上海有家叫"逸桂"的面馆，卖到二十九元钱一碗，号称最贵的阳春面，扬州也有往高大上去的，大体都是在汤底上做文章，用虾籽、姜、蒜等熬制，再加过滤，自然是清澈透亮又鲜美。但这是将一道平民食物去平民化了，我记得过去所食，都是酱油、胡椒粉开水冲入即得，哪有花熬的功夫的？

阳春面出身卑微，吃不起浇头面才吃光面。据说在苏州，原本只有浇头面，吃不起的人央求店家，能不能不要浇头，只要光面行不行？这才有了阳春面。要做人情、赚人气，虽是利薄，也还是经营，开始只是对穷人的通融，因受欢迎，就单独卖了。照此说法，阳春面原本是浇头面的"裸奔"，因陋就简的半成品，商家因势利导，居然在面馆里独成其类。

这样的溯源，我觉得解得合情合理。只是这里还缺了一个环节，即是命名。"光面""清汤光面""光头面"

等于直呼其名，不难理解的，"阳春面"等于雅号，问题是，这有头有脸的"雅号"是从何而来？

这时候乾隆爷照例登场。印象中古代帝王大众喜欢拉来与美食发生关系的有两位：一个是朱皇帝元璋，故事多着眼于他的草根出身，不忘初心，叫花鸡、珍珠翡翠白玉汤等，即由此而来；另一位乾隆皇帝比《红楼梦》里的贾宝玉更堪称"富贵闲人"，所谓"微服私访"，似乎以访酒楼食肆为主，下　趟江南，题下的美食匾额就不计其数。这回说的是，他老人家忽来兴致，带了人在城内闲逛，逛得饥肠辘辘，遂进一家面铺，不道只有光面，浇头、卤菜全无。店小二端上的一碗面却是面条根根爽利，汤底清亮照人。不必说，龙颜大悦，也不必说，美食界吉祥物的乾隆是要刨根问底的，一问才知，此面尚无名。时当阳春三月，乾隆抬头一看三春美景，眼前景与肚中面打成一片，有动于中，遂赐下"阳春"之名。

只说"城中"是我在有意"遮蔽"，概因传说有多个版本，扬州版、淮安版、嘉兴版，细出入无关紧要，关键是乾隆出场。

信与不信都无妨，左不过是拉乾隆来为我们的"小确幸"背书罢了。

秦邮董糖

小时候,"糖"这个概念,略等于糖果,说"吃糖",略等于吃糖果。彼时的糖果,大致三分天下:奶糖,以上海的"大白兔"为最;酥糖,以北京的"红虾"为代表;

水果糖，广州的椰子糖可号令天下，后来则上海的话梅糖可与争锋，我们最常见最"可及"的是各种颜色类于小块结晶体的那种，小店里可零售，一分钱一块。

关于糖果，我们的"规定性"，是可以论颗论粒直接放口里含化或咀嚼的，多半有糖纸裹着（也有例外，比如苏州"采芝斋"的松仁粽子糖，糖饴里掺了松子做成三角的形状，便是裸售）。有些"小众"或地方性的，不那么风靡，比如山东的高粱饴，也符合上面的"定义"，不难以"糖果"视之。容易引起歧义的，是苏北高邮、如皋的董糖。倒也是一块块包起的，且分明是以"糖"为号，但在哪一类糖里都难以安身。说是"糖"，看上去或吃起来，却更像糕点。

20世纪70年代，董糖妥妥属土特产的概念，我头一次见识，似乎就是有人从苏北捎来的。是一方一方由半透明的纸包着的，两块麻将牌大小，却不是糖果裹而两头拧起的包法，与点心的包法更相近，只是迷你得多而已。这是引起我"认知障碍"的一个原因。打开来看，色有深浅的长方块，却是一圈一圈卷起，展开来可以呈带状。是精白面粉（也有用糯米粉的）、芝麻、白糖、麦芽糖等手工精制而成，具体过程没见过，因形色与口感，我总是不禁地联想到炒面，炒熟后压制成形而已，类如花生糖芝麻糖那样，不过要圈叠起来，最后切作小块，示我们以层层叠叠的切面。

很长时间，我顽固地拒绝承认董糖是糖。并非因为它成分里有面粉之类，不够"纯粹"，事实上哪种糖里都有非糖成分，无奈我的概念里，面粉、米粉这些与"饭"相关的粮食比果汁、牛奶更其非糖。红虾酥糖里应该也有面粉的，我倒不计较，包装之外，恐怕是因它已定型为糖果的形状，且有一层薄壳，董糖很"原始"，兀自屑屑拉拉带着粉妆。小时常见有挑着箩筐的人走街串巷，卖麦芽糖，一大块，看上去像个面坯，卖时挑箩人即从整体上弄下一小块，是用把凿子形的刀，对准了要切下的部分，上面用别物敲击一下，令小块分离出来。真正的小买卖，瞄准的多半是贪嘴又没钱的小孩，我就没见过超过五分钱的生意，一分钱也卖，牙膏皮之类也可换。

我差不多是将董糖与麦芽糖等量齐观的，甚至还更愿意往云片糕、奶糕上归。董糖又称"酥糖"，的确是"酥"，但人家红虾酥糖是酥脆之"酥"，董糖是酥松、酥散之"酥"。水果糖、奶糖、红虾酥糖都是硬糖，不失"硬核"，比起来董糖是无核，你说是酥软，它又不是高粱饴、水晶软糖那样的软，总之不合于我脑子里"糖"的标准。饶是如此，也没耽误我的吃，家里若有，很快就被我消灭——身体很诚实，我得承认，撇开我关于"糖"的原教旨主义不论，吃起来，董糖比起云片糕可是香甜多了。只要不当它是糖，我就没意见。它的香或是由其粉粉的质地而来，那一份香甜也因此是别样的。

董糖又号"秦邮董糖"，"秦邮"即高邮，据说是全国两千多个市县中唯一一个以"邮"命名的，因公元前大秦即在此筑高台置邮亭，故称"秦邮"。"董糖"之"董"则有两说。与"秦邮"绑定的，是董璘说。董璘为明朝永乐十六年(1418年)会试第一名，《国朝献徵录》记载："董璘，字德文，江苏高邮人，少敏勤学，永乐十六年(1418年)会试第一，登李骐榜进士，授翰林编修，有时名。寻以母老乞归养，一日母病思鲥鱼，时无鬻者，即诣镇江，祷于神，命渔者举网，忽得二鲥以归，乡里惊异。升修撰，与修实录。"老母年高，牙口不好咀嚼不易，董璘又费心自制酥糖以进，这酥糖姓了"董"自是顺理成章。

另一说可称"董小宛说"。董小宛乃是明末"秦淮八艳"中人，后嫁名士冒辟疆，风流佳话，不消说的。照传说，董是八艳中最擅厨艺之人，有好事者甚至让她位列"中国古代十大名厨"。董糖即是她亲制而成。清道光庚寅年《崇川咫闻录》载："董糖，冒巢民妾董小宛所造。未归巢民时，以此糖自秦淮寄巢民，故至今号秦邮董糖。"明亡后董小宛随冒辟疆归隐如皋水绘园，海内文人墨客，常在园中雅集，诗酒唱和。董小宛常以酥糖飨客，其味佳美，为客称道，遂以流传。所以如皋也有董糖，称"如皋董糖"。

"董璘说"可称董糖的事母至孝版，"董小宛说"则是文人风流版，信哪一说都不打紧，取决你是否爱听故事，喜好哪种故事。要紧的还是吃本身。不去纠缠糖果、点心之辩，就吃论吃，我对董糖只有一个意见：下手下口都不便，吃起来太麻烦。似乎没有借助筷子刀叉之类的，都是上手，沾手指上全是粉也还罢了，更麻烦的是打开了纸包不知是不是该凑上去吃，凑上去不小心就弄得嘴一圈都是粉。而且任是如何小心拿包装纸承着兜着，纸上屑屑拉拉不免还是一堆粉屑，浪费可惜，要吃个干净，弄不好就是一鼻子粉。

文楼汤包

开封有灌汤包,南京有汤包,与寻常小笼包之别,在于突出一个"汤"字,其规定性是肉馅须带汤汁。前些年曾看到一个短视频,说一个德国好事者满世界追踪汤包,大有要弄出一份榜单的架势。他的探店带有德国式的严谨,亲测的内容包括肉馅的重量、皮的厚度,等等。有工具的,小秤称重量,卡尺量厚度,一丝不苟,绝对的量化。印象中汤汁的多寡不在考察范围之内,因我想不起他拿什么来计量。若记忆无误,他的一番操作就太不得要领了,因对许多拥趸而言,不拘北派的灌汤包还是南派的汤包,判断高下的指标,首在含汤量,汤包无汤或寡汤,更有何谈?

但任是如何汤汁多多,"内容"在那儿,个头在那儿,终还是有限,以含汤量为判,若是文楼汤包出场,对一众灌汤包(汤包),那真是降维打击——此汤包不是彼汤包。

"文楼汤包"之文楼,是淮安河下古镇一家百年老店。淮扬菜发源地的名店、名点、名菜自然不少，比如酵面串肉包，一度堪称招牌，但美食也是要迭代的，有好些，无可奈何花落去，唯有这汤包，除了特殊年代关整个店张大吉不算，终是屹立不倒，"中华名小吃"榜上也是留了名的。这些年越发艳帜高张，追随者不在少数。有别于小个头的小笼汤包，故要称"文楼汤包"，别地的同款不甘"文楼"专美，即标为"蟹黄汤包"，因此汤包馅料中必有蟹粉，大肉包、小笼包、汤包中均有冠以"蟹黄"的品种，但蟹粉在彼皆是"锦上添花"的性质，基本面仍是肉糜，在此却是题中应有，无蟹则不足以语"文楼汤包"，反过来说，"文楼汤包"只有一种馅，单打一，绝无别的品种。是故"蟹黄汤包"有时也成为一种特指，比如近年来人所乐道的靖江蟹黄汤包，所指多半是文楼汤包那一种。

文楼汤包乃是名副其实的汤包。其他汤包以"汤"称，乃是和一般小笼包比较而得成立，喻其汤多而已。就算将多多的汤汁比作盈盈一水，也还有肉馅如岛挺立其间，且有相当的占比。文楼汤包则是地道的"汤"包，当真就是兜着汪然一包汤汁，虽有蟹粉肉屑点缀其中，大体上却真是液态，——能将吃包子，演绎为一种特别形式的喝汤，确切地说，是吸汤。

汤是要先成冻的，否则没法包。成分蛮复杂，计有猪肉、猪皮、鸡肉、蟹粉，还有猪骨。最后一项当然是呆在幕后（肉皮则是化于无形），不登场的，使命是熬汤，熬得浓汤，与煮烂的肉丁、鸡丁，蒸熟后剔剥的蟹粉一并低温成冻，这才可与面皮"会师"。

凡包子，都以皮薄馅足为尚，皮薄则易破。若将文楼汤包归入汤包界的话，那它绝对是巨无霸，足有大肉包子那么大（如此体量大有必要，试想它是小笼汤包的体量，含汤量有限，不免让食者意下未足），皮要薄还兜得住一兜子汤，更是一项挑战。少不得要有更多揉压，据说还要加碱，以保证足够的劲道。饶是如此，也只能维持不破不漏的局面，要想让它不变其形立得住，那是不可能的。

上面拿文楼汤包和大肉包子比大小，只是方便起见，或者说，可比性只在面积：比起来大肉包是立体的，文楼汤包则是一个近乎平面的存在——一经加热，馅冻融化为一包汤，它就就地瘫下了。蒸包子，笼屉里各包子之间须得保持距离，人家是等着发酵的面膨胀起来，文楼汤包面皮是死面，本分，这儿预留位置是供它瘫下或趴下躺平的。

如此这般，出锅就绝对是个技术活了，非假手厨中人不可。我在文楼见识过，但见师傅五指并用，去汤包中央有褶皮厚处快速提起，另一手拿盘子同步就去兜底，一提一放，熟练之极，提起那一刻，汤汁带着往下坠，形如悬胆了，说时迟，那时快，堪堪盘子插到下面接住，果然拼的就是一个手速。

一只汤包一只盘子，这待遇是必须的。端到面前，仍是躺平的状态，看上去一副惫懒相，不如大肉包的富态，也没有做得好的小笼包那样精神，其看相，却也有喜人处。皮薄，蒸熟之后有几分透明感，蟹黄透出点点诱人的红，好比酡颜悦色，而颤巍巍之中一包汤亦隐隐在里面晃荡。

大肉包、小笼汤包是两种吃法，文楼汤包又是一种。头一次吃时，忽略了辅助工具，简直觉得无从下口。吃小笼汤包，要领是"先开窗，后喝汤"，这六字诀也被用于文楼汤包，却还得再加解释。吃小笼汤包我算老手了，可用筷子夹起送到嘴边，小小咬一口，于开口处对着吸吮即可。文楼汤包瘫在盘中，根本使不得筷子，须连盘子端起，要不就得低头往上凑，咬一口汤汁便四处流溢，如决堤之水，满盘皆是，不可收拾。我的第一次弄得很狼狈，绝无吃小笼汤包的淡定。后来看别桌本地食客，才知吃时照例是配一吸管的，正确的打开方式是从上方插入，吸它便好。待汤汁吸食一空，再夹了包子皮蘸姜醋吃下。

第一次的失败影响到我的味觉记忆，第二次食得其法，一管在手，俯仰之间，甚是从容，于是味道印象深刻。

汤的醇厚浓香与蟹粉的鲜合到一处，饱吸一口，确有一分浑然的满足。其实操作不当汤汁流溢，有盘接着，就着盘子喝下，肥水并未外流，不能算是糟践，但由内而外地吸与由外而内喝全为两事，对完美主义者而言，涓滴不漏吸食罄尽方为圆满，流入盘中者喝起来多少有面对残汤剩水的不爽。

有人说，吃小笼汤包，贪的就是那一口汤汁，这当然有违整体观的观照：皮与馅都讲究，才得完美。但各取所好，亦无可厚非，只是比起来文楼汤包的汤汁才更是成败所系，因它这里汤与馅是一体的，蟹粉与散碎肉屑散金碎玉如汤中浮沤，于汤沉浮，成了汤汁的组成部分，不待咀嚼，顺流而下，以其含汤量，满足感又非小笼汤包可比了。我对文楼汤包其实稍有不满，即骨汤皮冻的浓稠浑厚对蟹粉的鲜是有所抑制的，多少让那份清扬光亮的鲜弄得有点晦暗不明了，好在吃时的仪式感、趣味性，更有一吸之下充塞口腔的满足感大可让我忽略其他。

要稳获满足感，吸管就得有那么粗。吸管从来就是标配，抑或是今人的创新？一个说法是古已有之。文楼汤包创于清末，那时哪有现在的吸管？说是用麦秆。我有几分怀疑，果如所说，细细的管，满足感就减了。而且肉屑、蟹黄之类，会造成梗阻。我承认，想到这些，有点煞风景。

鸭血粉丝汤

我跟朋友曾一度为一问题争执不下：鸭血粉丝汤在南京小吃中属"古已有之"，还是后起之秀？

印象中并无什么地道的南京小吃，夫子庙好多饮食店里弄出金陵（或秦淮）小吃套餐，样数多至数十种，绝大多数我小时候没吃过，也没见过。这里面就包括鸭血粉丝汤。而且我长大的城西一带多为移民，考索此类问题，还是请教城南人为宜。朋友虽非"老南京"，原先家住白下，应该更有发言权，这也是我向他询问的缘故。他坚称小时候吃过，他们那一带就有。此话我不敢不信，又不敢全信。有道是孤证不立，遇年岁长于我的南京人，当继续我的田野调查，现在只好案而不断。

如此不务正业惦着这问题，乃因"鸭血粉丝汤"似已成南京小吃的招牌，我想不起其他哪一样，现在的名声更在其上。好多求学南京，毕业后异地工作的人，再回南京重温小吃旧梦，首先想起的，便是这个。而今在外地能够立住脚而又打出"金陵"招牌的南京小吃，即令不是独此一家，似也以此为最。近去苏州参加答辩，发现住处左近的十全街上，以鸭血粉丝汤相号召的，即不下三家。只是不知为何不说"金陵"，都标为"京陵"。

我之对朋友不敢全信，盖因自己知道有鸭血粉丝汤一说，乃在1985年以后，其先牛肉粉丝汤又或鸭血汤似都曾风行过一阵的。牛肉粉丝汤是牛肉汤放入粉丝煮，再加些干切牛肉片，极鲜；鸭血汤则就是清汤鸭血加葱花香油（有的会放少许鸭肠），别无他物，却自有它的一分清爽。不知何时鸭血与粉丝联起手来，又有诸多添加物，比如原先多见于回卤干的油豆腐，有几合一的意思。渐渐地就号令天下，那两样都渐渐地销声匿迹，甚至风头甚劲的回卤干也慢慢式微。

头一次见到是在住处附近的早点摊，一吃难忘，其后便一顾再顾。那一家鸭肝是切好了的，特别的是鸭肠、油豆腐不用刀切，摊主使剪刀极麻利地剪碎了往里放，每每一边坐等，一边就呆看，印象极深。我不知道其时有无固定的店面在卖这一味，不过不觉间鸭血粉丝汤已呈遍地开花之势。路边小摊虽食者众却大多只限于早上那一阵，像上面提到的那一处，八九点钟管市容的就来催着收摊了，而且无牌无匾，或是一纸板竖那儿——"鸭血粉丝汤"，与"豆浆""豆腐涝"等平起平坐，实未见出挑；由摊而店，情形就大不同，虽然大多并非专营这一样，却喜将"鸭血粉丝汤"于店名上裱而出之。即至"回味"连锁店一开，非左近熟客，甚至根本没坐下吃过的外地人，也知南京有此一味，于是乎从粉头堆里跳出来了。

　　但我最中意者，倒不在四处可见的"回味"，而在无名的街头小摊，还有草场门的"满台香"。我猜最初的小摊并不"统一思想"，不仅口味，佐料的种类上恐亦小有不同，由摊而店，慢慢就趋于标准化。鸭肠、鸭肝、油豆腐，皆属必备，不过是口味的浓淡、搭配的比例不同而已。依我之见，鸭血粉丝汤的好吃，相当程度即在口感上，像鸭肝鸭肠，好像唯有在珠江路"鸭鸭餐厅"的炒鸭杂里才算大放异彩，卤菜店里卤的或其他做法，都不甚可口，也少人问津。然在鸭血粉丝汤里则是物尽其用。不过是盐水煮了白切，味道上也无特别处，与粉丝、油豆腐、鸭血等物

做一处，倒是口感上参差对照，软硬兼施，沾汤挂水，吸味的程度也不一，吃惯之后倒真觉得缺一不可。"满台香"里搭配得特别适宜，名气虽不及"回味"，我却更喜欢。美中不足是滥用胡椒粉，再就是最后都放上一撮芫荽——不知从何时起，这似乎也是题中应有了——我怀疑这是效法兰州拉面而来，为何不能是葱花呢？

  我怀疑鸭血粉丝汤并非风从南京起，也与"满台香"有关。据说镇江一直在和南京争发明权，在镇江确也见鸭血粉丝汤遍地开花，吃风之盛，南京而外，别处少见。"满台香"前身叫"镇江锅盖面"，虽以卖各色面条为主，鸭血粉丝汤却是从那时起就有的。倘这小吃当真是源于镇江，南京便是以地界之大而在名声上占了上风，外地只见"金陵"，"镇江"则被隐去，极少见有叫"镇江鸭血粉丝汤"的。

旺鸡蛋与活珠子

得有点年纪的人才会去做这样的区分：活珠子是活珠子，旺鸡蛋是旺鸡蛋。

年纪再大点的人也许还会给个时间上的排序：先有旺鸡蛋，后有活珠子。不是说二者是鸡蛋孵化的不同阶段，活珠子是由旺鸡蛋演变而来；是说过去好这一口的，吃的都是旺鸡蛋，活珠子是后来才有的。

算上活珠子，最好这一口的，肯定是南京人。别的地方也有吃旺鸡蛋的，比如东北夜市上有烤毛蛋，即是把活珠子烤了吃，据说是最火的小吃之一，吃风之盛，至少从能见度上讲，更在南京之上。但鸡胚胎蛋当做一种地方小吃，在各种搜索中仍然与"南京"牢牢绑定。

旺鸡蛋（毛蛋）、活珠子，都是蛋与鸡的中间物，非鸡非蛋，亦鸡亦蛋，未得命的鸡，变异了的蛋，在由蛋变鸡的半道上发育戛然而止。鸡是卵生，出生要有孵化的程序，故不能说胎死腹中，说胎死壳中是可以的。不同处在于，旺鸡蛋是"病"死的，不宜的温度、湿度之类又或细菌令胚胎生长停止。活珠子也在孵化过程中，唯才得十一二天人便不让这过程继续，强行中止了。人的干预在两者之间划下道来，若旺鸡蛋是死胎的话，活珠子就可比为人流——虽然后者其实是人拿去打牙祭了。

后一情形下，胚胎仍是活的，故称"活珠子"。有人称其得名因于发育中囊胚在透视状态下形如活动的珍珠，这种视觉系的解释似乎牵强，想象起来也很难"逼真"，不过字面上也还说得通。

记忆中早先是没有活珠子一说的，小时所见，都是旺鸡蛋。我猜测吃这玩意，起先是废物利用的性质。未孵化成功的坏蛋，弃之可惜，弄熟了吃了吧，不想吃出滋味来。中国的许多美食，就是这么来的。

南京人吃旺鸡蛋/活珠子，吃法也差不多就是加热弄熟那么简单。当年这是一种地道的街头小吃，街头巷尾，时能见到，餐馆里没有，家里自己也不做。卖旺鸡蛋的小摊，装备至为简单，一只煤炉，一口铝锅，就齐了。锅中蛋在水里煮着，煮熟了就行，一如白煮蛋。

说成"小摊"都有几分夸张：馄饨担子、卖豆浆的，好歹都还有点小桌小凳供食客坐食，梅花糕蒸儿糕通常是买了走人的，家什伙也还透着专业性。比起来卖旺鸡蛋太寻常，就像家里饭食移到街边来进行。食客有买了且行且食的，有持回家中的，也有当场吃了再走的，后者或站或蹲，少见坐着的，因几乎没有为旺鸡蛋而设桌凳的。

因是白煮，吃时得有蘸料——也简单，就是盐。盘子碟子之类是不供的，于是就见食客一手接过蛋，一边平摊另一手，伸到摊主面前，那人便倾上一小撮盐。我曾亲历，知道伸手讨盐可称为吃旺鸡蛋的标志性动作，别的街头小吃再没有的。但蛋是要剥了壳吃的，剥壳须双手并用，接盐占了一只手，如何操作，再也想不起来。合理的步骤，应是先剥好了蛋再讨盐——这是我现在的逻辑推理。

蘸着吃埋汰了手，吃完了总不能拎挲着手一路走吧？倒也有符合彼时卫生标准因地制宜的法子：摊主会备一瓶水在那儿，朝手上一滋，食客两手搓弄两下完事。

旺鸡蛋的拥趸，以女性为多，大概凡吃起来要费点事，又不能"大吃大喝"的吃食，如炒螺蛳、烘山芋之类，都是这种情形。我在视频上见过东北大汉吃毛蛋，甩流星一般，一气十来个，不在话下，那是在烧烤摊上烤着吃，有的还是串起来烤，肉串烤口蘑什么的一起上，已是撸串的性质。又兼喝着啤酒，整个转变为大吃大喝了。南京人吃旺鸡蛋时绝对地专一，小摊上除了旺鸡蛋再无别物。固然也有人要过瘾，一次吃上好几个，但因女性是主力，加上白煮的吃法，总体上画风要婉约得多。

内行吃旺鸡蛋有许多讲究，比如说，先得挑挑拣拣。俯身锅上，对锅中各蛋拨弄观察，乃是第一步，一样是死胎，内行眼里却有高下之分，而且是有专门术语的。旺鸡蛋又称"喜蛋"（怀孕称为"有喜"，鸡蛋孵化的过程约等于怀孕，故称"喜蛋"，虽然胎死壳中，已是"丧"而不是"喜"了，却好歹比"旺"有迹可寻），已然孵化出整鸡的，称为"全喜"，半鸡半蛋的，称为"半喜"，"全喜"比"半喜"价位高，可知内行眼里，"全喜"才是上品。比"半喜"更等而下之的，是浑然一体的"混蛋"，据说若是在摊主面前吃的话，打开来看是混蛋一个，即以坏蛋论处，一钱不取。

我完全没有高下之辨，仅有的一次猎奇，吃的似乎就是混蛋，不知底细，也就没有捍卫减免的权利。倒也并未自认倒霉，既然不得要领，莫名其妙。过了十几年以后，活珠子已然登场了,我才知道磕破蛋头撕开包膜后那一口汤水如何鲜美,难怪当年卖旺鸡蛋的小摊上,总有吸吮之声。

江浙一带的人唯"鲜"是尚,在旺鸡蛋/活珠子的拥趸看来,它与鸡蛋之别,正在其非比寻常的鲜美,而那一口汤更绝对是精华,令人销魂。这也是我料定烤毛蛋虽在东北大行其道,到了这边注定行之不远的原因。事实上东北烧烤在南京已小有气候了,从海鲜到各种肉,再到蔬菜菌类,无不拿来烤它一烤,但至今未见烤毛蛋。一烤之下,唯余焦香,汤汁涓滴不剩,当然不能说是取其糟粕,但在江南人看来,已是弃其精华,岂能接受?

不管南边北边,烤或是煮的,应该都是活珠子的天下了。从旺鸡蛋到活珠子,也是大势所趋。死胎带菌不卫生,活珠子人流之后仍是活的,谁不要健康呢?与之相伴的,是从街头的退隐,你再见不到蹲在路边吃旺鸡蛋的情景。但活珠子虽因此能见度降低,但似乎要比当年的旺鸡蛋有了更广泛的群众性,因大超市、菜场,还有一些熟食店都能买到"六合活珠子",可见销路颇广。另一方面,似乎又有那么点登堂入室的意思,"南京大牌档"等一些餐馆,菜单上居然就有。

我对旺鸡蛋的销声匿迹没什么意见,因为根本吃不出它与活珠子的差别。但像在别的事情上一样,原教旨主义者总是有的。有人坚称旺鸡蛋更美味。不知是不是呼应这样的怀旧情结，有一次我居然在大方巷发现了一处旺鸡蛋的遗存。是个卖酒酿、酱菜的小摊，招牌上还写着"活珠子 旺鸡蛋"，下面一口锅盛着。纯属好奇，我问摊主，两样在一处，怎么分得清呢？回说简单，浮上面的是旺鸡蛋，沉下面的是活珠子。想想也是，活珠子是孵化十一二天即被叫停，毛还未长出；旺鸡蛋，不管"全喜""半喜"，都已某种程度上"羽化"了，轻重自然有别。

晚上恰好遇到一位旺鸡蛋爱好者，告诉他我的发现，他很兴奋地说，居然还有旺鸡蛋，要去吃！看他的兴奋相，我开玩笑说，这玩意儿就算能见到也快绝迹了，可以申遗吧？他道，只要西方人放弃对中国黑暗料理的偏见，有什么不行？！

但我很快知道没指望了。有个老同学久居美国，吃了什么在美较难吃到的中国吃食就喜欢在网上晒，有天晒的正是旺鸡蛋。我看了好奇，问，哪来的？说是超市，不是华人超市，是越南人的超市。我还想，华人移民多，越南人在追着华人做生意了。不想他很快查了一段维基百科发过来，词条BALUT，说是个菲律宾词。

蒸饭包油条

烧饼油条哪里都有，印象中有一段时间里，差不多就是早点的代名词。这两样可以单吃，也可用烧饼夹了油条吃。北京人有称买一副或一套大饼油条的，可见成双作对也是常事。我当然也这么吃过，但若论组合式的早点又关及油条者，记忆中更配套成龙的，当数蒸饭包油条。或是因为烧饼夹油条都是好自为之，蒸饭包油条却是裹好了交到食客的手上，也未可知。

蒸饭包油条作为早点能够盛行，一个条件是得在产米的地方，因蒸饭是米蒸出来的，故这吃食有地域性，大体是在南方。20世纪70年代，早点远没有现在的花样繁多，干的不外烧饼油条馒头花卷包子，湿的则连豆腐脑也是稀罕物儿，蒸饭包油条在这单调的背景下进入我们的视野，自不啻一道亮丽的风景。

印象中远不像烧饼油条的到处可见：油条店是"集体"的事业，卖蒸饭包油条则似乎大多是一个人单干，

或是家庭作业，个体户的性质。操作也简单得多，不必炸油条、烧饼那样的重型装备，在家里将糯米蒸好了用木桶装起，覆以棉被似的厚盖头保温，就可拖出来卖。当然，还得有油条——却是摊主从油条店里批发现成的过来。

所以就见到木桶旁的小案子上堆着一堆油条。这小案子构成蒸饭包油条成型的操作面，上有一块湿布，用勺从木桶里剜出一坨蒸饭，称了分量后便倾在布上，摊匀了，就拿过油条，或两根或一根，对折了居中放上去（油条太长，就那么放上去结果必是两头在外），用布连油条裹起，而后拧手巾把似的一拧，撤了布便得到两头细中间粗的"成品"。

从构成上说，蒸饭包油条应该是虚实相间，油条是"虚"，蒸饭是"实"，经了那使劲的一拧，却成了早点中最瓷实的，特别熬饥。这应该与糯米有关，按南方人的经验，米要比面抵饱，米当中又数黏性大的糯米为最。想当年，糯米之金贵，不仅见于价格，亦见于逢年过节才有供应。蒸和煮，米粒吸收水分的方式不一样，糯米原本出饭率就低，蒸出来更其结实。说糯米都称道它的黏与糯，蒸饭都是粒粒分明，黏糯之外还带着硬挺。当然，若是像煮饭那样软烂，拿捏之下恐怕就"一塌糊涂"了。

单是蒸饭也不是没法吃，后来在贵阳吃到当地的蒸饭，球状的饭团，里面包着糖粉和碎花生，也很好吃，但我更好的还是里面包上油条，蒸饭的黏硬和油条的酥脆口感上有一种对比。油条是面粉做的，因此也可以说，是米与面的对比。一时想不起，还有什么食物是让米和面做一处的。

不知道南京之外是否也有叫做"蒸饭包油条"的，上海称做"粢饭"，苏州人好像更流行。想不到前些时候

在家门口见到有卖"台湾风味蒸饭",颇感好奇,就买来尝尝。蒸饭是一样的,里面裹的却是炸得比油条更焦脆的薄脆,又可加上许多配料,从咸菜、蛋黄、火腿肠到肉松。成形的家伙也不一样,是用日本人做寿司的那种竹制的帘子卷起,两头用木棒探进去捅结实了,取出来状如一截小棍。现如今冒称"台湾"的玩意儿不少,不过凭那日式帘子,没准确是台湾制造?——台湾原是受日本影响挺大的。

甭管是否冒牌,也不论那些锦上添花的配料,就基本面而言,"台湾蒸饭"依稀仍是昔日蒸饭包油条的味道。这才想起,后者似乎已难得一见,对应地说,南京的早点仿佛已是煎饼果子的天下了。

美龄粥

"好酒不怕巷子深"的说法早过时了,现今的商业,拼的是营销。营销有各种招数,包括各种讲故事。讲故事,似乎要以与饮食相关的最是好讲,因为门槛低,而且营销对象也乐于参与。美食故事,大多是"因地制宜"的,最好与一地的历史、风土挂钩,比如在南京,"民

国"就是一枚上好的标签,在饮食上演绎民国风情,不仅属题中应有,似乎还责无旁贷。

"1912"曾经有家餐馆,包间都以"励志社""兴中会""同盟会""华兴会"等国民党前身的组织命名,菜单上我还记得"少帅红烧肉""子文排骨""大千腐皮"……甚至还有戴笠什么的,总之知名度高,有传奇色彩的人物都往里编派。后来又有一家,"民国"得更是夸张,除了女服务员戴船形帽,著军服之外(一般而言,这是过去电影里"女特务"的刻板形象,这是唱的哪一出?),只记得有一道大菜唤作"总统鱼",上桌时有扮成"蒋总统"的人长袍马褂地出现,操浙江话演讲几句,最后以"革命尚未成功,同志仍须努力"做结。弄巧成拙,让人哭笑不得,应了现在的一句网络语:只要自己不尴尬,尴尬的就是别人。

先后出现的这两家店都倒了,可知营销不可过度,仅靠噱头是撑不起一家店的。"子文排骨""大千腐皮""总统鱼"之类,也随之烟消云散,"少帅红烧肉"偶或还出现过,不是在天津就是在沈阳,我还出于好奇点过一回,和南京所食全不相干,可知"少帅"不过是随便拿来修饰各地红烧肉的,属"涉笔成趣"的性质,只不过是恶趣。

倒是有一道同样以民国人物相号召的甜食,并不见于这两家的菜单,算是饮食"民国风"大潮退去后的"幸存者",看样子还有望沉淀下来,成为金陵美食中新增的成员。我说的是美龄粥。

回溯起来,美龄粥出在南京,不为无因。喝粥最讲究的不是江浙,而是广东,从最寻常的皮蛋瘦肉粥、艇仔粥到鲜虾粥、鲍鱼粥、蚝粥,花样百出,但都是咸粥。江浙一带的人似乎不习惯在粥上面搞名堂。早点摊上,与豆浆、豆腐脑、小馄饨一起,可称为"干湿搭配"之"湿"的一大选项的,是不掺杂别物,没有任何味道的白粥。南京人更习惯的说法是"稀饭",据说粥和稀饭是有区别的,简单地说,稀饭煮的时间短,仍是"饭",米粒的形状犹存;粥熬的时间长,直熬到米粒遁形,浓稠近糊状。但南京人似不做这样的区分,粥与稀饭混着用,可以彼此替代。

一碗稀饭,配一小碟腌菜,简无可简了,却还是饭、菜分治,清淡、清爽。广东的甜品称"糖水",糖水里似没有甜味的粥。苏州传统小吃里,倒有一种"糖粥",是加了糖的稀饭与豆沙分别烧好之后的混合。南京有糖藕(以浸泡过的糯米装填藕洞,煮熟并加入红糖、干桂花等调料,最后淋上浓稠的糖汁),未闻有糖粥(虽然也偶在早点摊上见过甜稀饭),但家里会吃糖稀饭,无须特别操持,现成的稀饭加一勺白糖,就成了最朴素的甜羹,变化是,不是当饭吃了。我小时候,白糖都供应紧张,一碗糖稀饭,也可以是令人向往的。

虽然有高低之分、贵贱之别，我觉得把美龄粥看作糖稀饭的延伸或升级版，亦无不可。撇开了山药、枸杞这些添头，美龄粥对糖稀饭的点化之功，全在以豆浆替代了水。不得不说，这是很需要一点想象力的。豆浆拿来煮稀饭，有点不可思议，越界的嫌疑大大的。若是在家里有人提议这么干，我想大多数人的第一反应可能与我差不多：这不是瞎搞吗？就像我们最初知道西餐的许多菜里会加牛奶，广东人煲的汤里有玉米。此种反应的来由说简单也简单——从来没见过。豆浆是豆浆，稀饭是稀饭，从来如此。

开脑洞的往往是厨师。据说创制这道粥品的是宋美龄府上的大厨。说是"第一夫人"有段时间食欲不振，吃嘛嘛不香，厨师便挖空心思想辙，用大米、豆浆等食材熬成一锅粥，宋美龄吃了胃口大开，此后便成为心头好，豆浆煮粥遂成定制。后来这做法传到了民间，就有了"美龄粥"。又有说宋美龄特注意身材，这不敢吃那不敢吃，厨师于是发明了这款粥。就是说，美龄粥起于总统夫人的身材焦虑。这粥不单开胃健脾，而且合于身材管理之道，兼有养颜之功。

和许多美食故事一样，说得有鼻子有眼，却怎么都像是一个传说，唯其像传说，就更是广为流传，添油加醋地传。套"莫须有"的断案，未必"事出有因"，肯定"查无实据"。顺便说说，杜撰"少帅红烧肉""子文排骨""美龄粥"之类的名目也是有点讲究的，要者须大致符合"想当然"的对应原则，比如红烧肉安到宋美龄头上就不合适，反过来那道粥算到张学良名下，似乎也差点意思。

传说之为传说，恰在于它是无法订正的，事实上也无须证实，反正一道美食的成立，故事只是花絮的性质，美味才是硬道理。

豆浆代替水，的确称得上一大发明。日料里有豆浆火锅，记得还吃过一种拉面或乌冬面，汤底混合了高汤与豆浆，色白浓稠。当然都别有风味，只是因多种味道的混合叠加，豆浆本身的豆香奶味和一丝清甜反倒隐而不彰了。美龄粥是把米下在豆浆里煮，米与豆浆，全程对话，米香与豆浆的味道融而为一。当然美龄粥里还有山药、枸杞。山药参与的是增稠，是绵密的口感，有烘云托月之效，对豆浆稀饭的基本味一点不遮挡。枸杞的存在在我看来则更多是基于视觉的理由。不过说看相的话，我觉得美龄粥最可人处不在枸杞的几点红，而在米浴在豆浆的奶白色中，一粒一粒衬出了透明，让人想起青花米粒透光碗，有一种玲珑之感。

我头一次是在"南京大牌档"吃的，现在凡突出民国元素的餐馆，几乎是家家跟进了。因为是大餐馆起的头，美龄粥似乎一直在高处，仿佛就该是高端餐饮的一部分（虽然它食材寻常，做法简单，在家里自己就可炮制）。但是前些天我在明瓦廊一家早点铺里不期而遇，与之为伍的有小鱼锅贴、卤蛋。这有点走向街头的意思了。从哪方面说它都可以成为南京的平民化食物，——不就是豆浆稀饭嘛。

东台鱼汤面

东台是盐城市下面的一个县，过去我老把它归入南通——意识里江苏近海的地方，不属连云港，就是南通，当然是大错特错，但凡肯往"盐城"的由来上想一想，也不致如此这般地"想当然"：盐城乃是盐之城，历史上海盐的大盐场嘛。

要在"东台鱼汤面"的题目里嵌入"鱼卡"，乃是因为我觉得所谓"鱼卡"者，最能见出东台鱼汤与寻常鱼汤的区别。这是当地人特有的一种说法，唯当地人能明其所指，百度上再没有的，你若强行搜它一搜，没准出来一堆鱼刺卡喉如何应对之类的。

"鱼卡"可说是个名词，特指用来熬鱼汤的料，也许应该算从鱼到鱼汤的中间物、半成品。鱼汤的做法，各地大差不差，大体是先把鱼油煎一下，而后加水炖煮。东台多了一道工序：煎炸过后，要放在锅里干煸。不搁油，不加水，不停地翻炒，连骨带刺，甚至连着鳞。这样折腾，要保持鱼的完型是不可能的，人家也根本不考虑鱼的完整性，干煸时先就要用锅铲将鱼戳散碾碎，一再翻炒，越到后来越是酥散，最后的形态，可比为初级粗放版的鱼松，只是大大小小的鱼骨鱼刺四处逆立横生，看相堪忧。

烂糟糟白不白黑不黑的一大盆，还不到水分尽失的程度，这就是东台人口中的"鱼卡"了。鱼卡既成，熬汤是下一步，要加了水熬上几小时，而后滤去鱼卡，鱼汤才算大功告成。我说鱼卡看相堪忧，是比较雅化的表述，大白话直说，有点像吃剩下的，总之是影响食欲。但孔子说君子远庖厨，意思是宰杀烹制的过程，眼不见为净，也就无妨。绝大多数人吃鱼汤面并不参观后厨，面对的是色白如奶的鱼汤面。

不同的店家有不同的规矩，鱼卡有熬一遍的，有熬两遍的。熬两遍的，会把头遍、二遍的汤加以混合，听上去像白酒拿基酒与不同年份的酒勾兑，只是白酒不加勾兑口感终是不行，鱼汤则当然是纯"原浆"更其鲜美。不管如何，鱼卡最终是成为弃物的，这让我想到广东人所谓"汤渣"：据说广东人煲汤，认定唯汤才是精华，汤里的肉不吃，最后扔掉，故有"汤渣"之说。是否当真如此奢侈，没查考过。东台人的鱼卡之最终沦为"汤渣"，则不言而喻。

熬汤，不拘肉汤鱼汤鸡汤，熬汤之物不免要为汤之鲜美做出牺牲，筒骨汤、鸭血粉丝汤这些多少有剩余物资再加利用性质的不说，若鸡汤、鲫鱼汤之类，久炖之下，鸡肉、鱼肉本身的鲜美大打折扣，20世纪七八十年代缺吃少喝，就那样老母鸡汤里的鸡肉还是不招人待见，任谁都是爱喝汤不喜汤里木渣渣的肉。但比较起来，囫囵整只鸡整条鱼的熬汤，索取仍是有限度的，不像东台人的熬鱼汤，先是粉身碎骨成鱼卡，再加一翻熬制，纯是榨干萃尽的做法，鲜香之味，再无藏匿处，鱼肉好比磨成新浆的豆子，所余者不是渣也成渣了。

鲜鱼如此这般自我牺牲成全一道汤，那鱼汤焉得不美？先不说鲜的问题，单是其浓稠便已很是诱人——真的是浓稠如浆。

据说正宗的东台鱼汤面，熬汤须用野生鲫鱼，但我也见过短视频上当地一家很火的鱼汤面馆，乃是以白鲢熬汤。用鲫鱼，符合江浙一带对鱼汤的一般要求。事实上不仅江浙，全国人民似乎都认定，做鱼汤，鲫鱼是首选。也有比鲫鱼等级更高的鱼，我就喝过鳜鱼炖的汤，昂子鱼煨汤（或做火锅）则为江南、川渝等地人所共喻，体量较大的鱼中，似乎只有黑鱼（乌鱼）被选中，多半还是因为黑鱼汤有助伤口愈合的说法（故黑鱼汤在医院出现的概率相当高）——上好的鱼为喝汤而牺牲了鱼肉的鲜美，代价未免太大。而且鱼肉鲜美者，做汤未必就相宜。总之综合下来，就炖汤而言，鲫鱼几乎是天选之鱼，地不分南北，这是共识。鲫鱼体大者，自有其他的做法，江南的馆子里，葱煸鲫鱼是颇受欢迎的一道菜，自家炮制，则将肉糜塞入鱼肚子里红烧，也颇常见。但我相信，最最鲜入人心的，仍是一碗鲫鱼汤。

有这样的共识打底，选中鲫鱼，自然而然。鲢鱼过去未闻用以炖汤，直到砂锅鱼头横空出世，似才成就了一道广为接受的汤菜。鲫鱼肉质细嫩鲜甜，鲢鱼比不了，不过以浓取胜，亦自不差。关键是，经过干煸制成鱼卡再加熬制的，鲢鱼易见的土腥味较直接煨炖更其去除得干干净净。

鲫鱼也罢，鲢鱼也罢，浓鲜的鱼汤绝对是一碗东台鱼汤面的灵魂。有段时间南京有几家大餐馆宴席上主食，较讲究的选项是"鱼汤小刀面"，所强调者，一是鱼汤，一是手工的面条。东台鱼汤面，高标准严要求，当然也是手工面为好。但现在即使在东台，手工面也有被机制面取代的趋势。降格以求，没啥，换了机制面条，仍不失为东台鱼汤面，鱼汤不是那样的鱼汤，其"东台"属性便荡然无存。

另一方面，鱼汤面的"内容"却在升级或扩容。"鱼汤小刀面"其实是光面，鱼汤而外，只撒些蒜花，奶白之上几点绿；东台鱼汤面馆里，菜单上却有从雪菜肉丝到鳝鱼面的种种选择。别误会，东台面馆里，鱼汤根本不在话下，构成汤面的底色，就像苏州面"红汤""白汤"那样，乃是底汤，其他的添头，随意叠加。就是说，各色名款，其实都是鱼汤面。

吃上面我是坚定的返璞归真派，只要鱼汤+面条的基本款便好，其他种种浇头、添头，混入其中，多少都形成干扰，失了鱼汤的纯粹性。最近去过南京的一家"顾记东台鱼汤面"，鱼汤的鲜浓是不用说的，我特别欣赏的是他家的敢于往清淡里去。初喝一口，似觉盐放少了的淡，淡到如此地步，却无半点土腥味。不少店家生恐食客嫌腥气，盐和白胡椒粉使劲放，他家每桌上有盐、胡椒粉、香醋的三件套，由食客自加斟酌。这是店家的自信，也是对一大碗鱼汤本味的尊重——东台鱼汤面是有这个资本的呀。依我之见，于鱼汤面而言，滥施重口，其罪至少也类于为文时的"以辞害意"。

肴肉

很多年前,我对镇江肴肉即存了向往之心。这向往起于一个神话——是一特能神侃的邻家大哥对我说的,说镇江人有时不吃饭,光吃肉!

须知我听这话时,正是肉不够吃、吃不够的年纪,说数日不闻肉味当然有点夸张,但上中学时有位关系较近的老师曾私下问我家里是否顿顿能见到肉,我会说不要说每顿,每天也不能保证,就可见彼时肉食与一般城市居民餐桌之间的关系。

在我的意识中,吃肉是吃饭的高潮,正因是高潮,就只能是点缀一下。

倘将吃饭比作金字塔的结构，那饭是基础，菜属上层，菜中之肉是王者，绝对是塔尖，其他种种，都是众星拱月的性质。按现代消费的观念，则绝对属于奢侈品——不吃饭，光吃肉，那是什么概念？！

因此乍听关于肴肉的神话，我一念全在"肉"上，"肴"不"肴"的倒不大理会，却不知此肉与我通常所食红烧肉完全是两回事儿。这很正常：分此肉彼肉已属辨味的范畴，在肉类稀缺如此的背景下，只要是肉，余愿已足。当然后来知道了，"肴肉不当菜"与"香醋摆不坏""面锅里面煮锅盖"一样，同为"镇江三怪"之一，"不当菜"是真，却不是当饭，乃是当做茶食。据说要上一壶茶，来上一碟肴肉，佐以香醋、姜丝，吃起来惬意得很。

20世纪80年代初游镇江，"吃"于我尚未成为"游"的一部分，身为穷学生，也不大吃得起，与肴肉算是"擦肩而过"。再往后土特产的概念渐次取消，地不分南北，镇江肴肉已是随处可见，且亦早已尝过其味，却也无甚心得，作为"肉"之一种，与捆蹄之类，也就是大同小异吧？但空口吃肉仍是我的一个情结，茶与肉这样的搭配似乎很妙。其实肴肉既是随处可见，买回来自去将茶，有何不可？只是不到其地，似乎就想不起，此外不是亲见当地人行来，仿佛也多少有瞎比画的意味，不晓对也不对。此次既又到镇江，这肴肉总要以标准方式吃上一回。

超市、卤菜店所见肴肉，都是一方一方的，五寸见方，两寸厚薄，状如羊羔冻，我初以为也就是羊羔冻的做法，以碎肉整合，实为肉冻。实则肴肉是整块蹄髈剔骨腌制焖烧后压平整的。更确切的说法当是"肴蹄"，即是以此。顶真地说，则"肴"还应还原为"硝"，因此物特别处乃是在腌制过程中加入了少量的芒硝，据说恰是硝的作用令肉色鲜艳、肉质软嫩、味道鲜美。

镇江人有很多讲究，前蹄如何、后蹄如何，又说上桌时可按肴蹄不同部位，切成各种肴蹄块，猪前蹄爪上的部分老爪肉（肌腱）切成片形，状如眼镜，叫眼镜肴，食之筋纤柔软，味美鲜香；前蹄爪旁边的肉，切下来弯曲如玉带，叫玉带钩肴，其肉极嫩；前蹄爪上的走爪肉（肌腱），叫三角棱肴，肥瘦兼有，清香柔嫩；后蹄上部一块连同一根细骨的净瘦肉，名为添灯棒肴，香酥软嫩，为喜食瘦肉者所欢迎。这些个讲究，非外人所晓，我向来于肴肉也只是宏观地吃，但觉其清脄适口罢了。好在"醉翁之意不在酒"，曲里拐弯处，实不暇细辨，最感兴

趣的，还是当做茶食的吃法。

大年初二的早上，起了床就奔挨着西津古渡街的"老宴春"。"宴春"之于镇江，颇类"富春茶社"之于扬州，吃早茶的所在，若说"富春"的包子已成扬州的象征，那"宴春"的肴肉也可视为镇江的代表，市面上所见的肴肉，必打上"宴春"字样，方为正宗。"宴春"的肴肉皆是切成二寸长一分厚的条儿论块儿卖，六元钱一块儿，在盘里井字形横横竖竖架空地码起来，只要一块儿，也照卖。那样粗粗的条状，似乎是镇江独有，别处都是羊羔式的大薄片。

我去"宴春"那次，大约因是大年初二的早上，食客不多，且多是吃熬面吃包点，竟没什么人点肴肉，坐着东看西看，虽是老店的格局，里面以栏相隔，也就有几分扫兴，问店员怎么回事，他也笑着说，现在喝茶吃肴肉已是少见，即在镇江，肴肉多半也成下酒物了。这一说就觉自家的有备而来，不无做作，于是喝口茶，夹肴肉蘸醋姜草草吃了，便去逛老街。

从茶食到下酒菜，应用场景大大地转换了。不独肴肉，将以佐茶的烫干丝，也转移阵地到了餐桌上。显见的，是饮茶的简单化，视为茶文化一个侧面的话，则见出的，又是茶文化的偏估。其背后，则是一种慢生活的渐行渐远。肴肉、干丝佐茶的高光时刻在清末民初，去今已远，相伴而去的，是某种前现代的悠闲吧？

镇江锅盖面

地不分南北，全国几乎哪个地方的人都爱吃面条。新疆皮带面、苏式浇头面、成都担担面、陕西油泼面、山西刀削面……其命名，或以面条的形状、制法，或以烹饪手法、吃法，乃至配料的提示。这上面我觉得最无厘头的，当数镇江的"锅盖面"。不加解释的话，绝对不知所云。

我住处附近曾有家餐馆，也许是南京最早以"镇江"相标榜又较具规模的馆子之一，就叫"镇江锅盖面"。不像香醋的声名远播，镇江美食在别地不大有存在感，除了肴肉，我一无所知。尽管后来荣登了"中国十大面条"榜单，锅盖面也是因这家馆子才知道。

我觉得锅盖面是最能激发食客好奇心的面条之一。兰州拉面、山西刀削面，食客好奇的是看怎么"拉"、怎么"削"，像看一种手工艺，锅盖面大家则是纯粹地看稀奇的心态，好多人经介绍知道怎么回事之后，也想去亲眼验证一下：真把锅盖和面条一起煮？

于是会发现下面条的大锅里果然漂浮一只小锅盖，木质的，四周面汤沸沸然翻着沫，小锅盖兀自安然淡定如泊舟。锅盖的功用本是"盖"，遮盖整个锅面，聚拢锅中热气，这里却开发出漂浮的新功能。餐馆面铺里下面，大火滚水，锅都是敞着的，哪用得着锅盖？

南方人吃面，不像北方人那么讲究面条本身，但镇江人是讲究的，正宗的锅盖面得用手工面条，本地人称作"跳面"或"竹竿跳面"。所谓"跳"是指面团的压制，大毛竹杠一头在墙洞中，横过案板上的面团，另一端坐着人，跷跷板似的起落，一遍遍施压。"跳"过的面做成的面条柔韧而筋道爽滑，又易于入味。锅盖面又称"小刀面"，"小刀"所指，还是手工。

按照面条与菜的关系划分，锅盖面还是应该归入江浙一带流行的浇头面，即是"菜"预先做好，面条出锅加上去即可。现今的锅盖面有各种浇头，种类之多与苏州面有得一拼，但这是"迭代"的结果，锦上添花的性质，其原始形态，是老镇江人口中的"伙面"，纯面、单面、光面，想要加猪肝、腰花之类，得自己带去，不忙时，店家给加工，忙碌时得自己切好，店家只帮忙烫一下——就像南京人过去吃煎饼果子，摊主那里的基本配置，就是油条和煎饼，你想加个鸡蛋，就自己带了去，让摊主帮你和饼一块儿摊。当然，店家将此视为可图之利是迟早的事，而且人我两便，食客各凭己意的自己"加戏"慢慢就变成了店家预制的浇头，不仅"体制化"，而且越到后来，越是花样百出。

故汤头比浇头更基本。最正宗的锅盖面必是红汤（虽然也有白汤、拌面的选择），不是酱油加上水一兑了之，是加入酱油、白糖、虾籽，以及多味药材一起熬制的，要熬个把小时。这一熬，就熬出了浓郁鲜甜之味。这里面酱油也是有讲究的。镇江的恒顺香醋闻名遐迩，另有恒顺牌酱油，在物资匮乏的年代，过年排队买头抽恒顺，是镇江一景。对老派的镇江人而言，用恒顺酱油熬出的汤头，才算地道。

另有一项，似不能算汤头的一部分，也不能算在浇头上，镇江人总其名为"青头"：焯熟小青菜、豆芽、青椒、川芎、香干，生的蒜叶蒜泥，齐入汤头中。一碗面，浇头浇上之前，已自桃红柳绿。这里面的"川芎"，外人会觉很陌生，这两个字看上去怎么都不像是蔬菜，倒似一味中药（中药药材里也的确有叫这名的），其实就是芹菜（药芹）——大概只有镇江人这么称呼。芹菜在西北的面条里很常见，南派的面条里则甚少露面。

现今的锅盖面，出风头的常是浇头，价格的高低亦取决于此，但红花还得绿叶扶，"青头"的存在才算是把"气氛都烘托到这儿"，令锅盖面顿显一分热闹。这是苏式浇头面所没有的，苏式面即使是"双浇""三浇"也讲究清爽搭调，清爽而搭调，才能保持其"腔调"。镇江人不管这一套，"青头"加"浇头"各种味道混合到一处，而"青头"本身就是从豆制品到蔬菜到佐料，有生有熟，兼收并蓄，其不忌混杂有北方味道，结果是一碗浇头面却能吃出亦饭亦菜的丰盛感。

但是话说至此，都还未及锅盖扮演的角色——须知镇江的面条，乃是以锅盖为标识的。和许多传统美食一样，锅盖面的传播少不了故事的演绎，版本不一，莫衷一是。取掉踵事增华的噱头，我觉得要点在于，锅盖面并非源于厨师的创意，"面锅里面煮锅盖"成为定法，起于"美丽的错误"：食客催促甚急，掌灶人手忙脚乱之下，误将覆瓮的盖子当锅盖放入煮面的大锅里，不是全无意识（在最具戏剧性的版本中，微服私访的乾隆等不及跑到后厨催促，是他一眼看到了放错了的锅盖，当然他对面条的夸赞是必须的，从此镇江面条界群起煮上了锅盖），就是无暇取出，结果煮出的

面竟意外的可口。传扬开来,"面锅里面煮锅盖"竟渐渐成了镇江面铺里普遍遵行的规定动作。

何以面条与锅盖同煮就更添风味?添了啥风味?一直没见到令人信服的解释。有人说,锅盖令面条有了杉木的香,令面条另有一种鲜味。有人说,翻滚的面条压在锅盖下面,怎么煮都会保持位置不变,且吃起来筋道。又一说是有小锅盖漂着,四周透气又可保煮沸的面汤不外溢。我有个熟人好抬杠,对锅盖的作用表示怀疑:干吗非得是锅盖,扔块小木板不也一样?他承认一碗锅盖面下肚,很是舒坦,但否认有什么木头香,而且,吃面要吃出木头香,这是吃饱了撑的吧?如此较真,很是煞风景,不符合成人之美的精神。以我之见,就是为了观赏性、趣味性,锅盖的存在也是必须的。

徐州饦汤

方言里不少词，有音无字，有些字是有的，常用的字典里却不收，属未入编，体制外，有点野狐禅。后一种情形，我印象深刻的两例，都和吃食有关。一是陕西biangbiang面的"𰻝𰻝"，一个是饦汤的"饦"。一繁一简，前者更像生造，有"搞事情"的嫌疑，后者则更像"字"，看上去"不疑有他"。

像许多传统美食一样，饦汤少不了神奇传说的附会加持，只是相比起来，更是来头大。忆前身，据说饦汤即是雉羹，可追溯到四千多年前。雉羹的首创者乃是号称烹饪鼻祖（又是寿星，活了八百岁）的彭祖。雉羹即野鸡和稷米炖成的汤，彭祖奉于尧帝，治好了他的重病，尧帝便将彭城（徐州旧称"彭城"）封给了彭祖。——溯源到这一步，也是"简直了"，似乎还没有哪一款今之美食"历史悠久"到可以与之争胜。

如果彭祖是饦汤的古代史的话，乾隆故事就是它的近代史。说是乾隆南巡,道经徐州时品尝过此汤,很是惬意。问是啥汤,厨师回道,就是sha汤。再问字怎么写,他就写下了"饣它"这么个怪字。是之前当地人就创出这个字来表土话中的音,还是厨师急中生智,当场发明,我看到的各种说法都语焉未详。关键是,照此传说,"饣它汤"之名,是乾隆爷认证过的,自有理由成为官称,故徐州最有名的店,称"马市街饣它汤",中华名小吃收录的是这名,商标注册,也坚持为汤造字。

完整的传说中,还包括乾隆传诏,封饣它汤为"天下第一羹"。即是说,完整的叙事链条,是彭祖创制于前,乾隆加冕于后。当然,信不信由你,反正不耽误今人的吃,所谓"一切历史都是当代史","有恃无恐"说前世今生,最可"恃"者,还是饣它汤在徐州早餐市场上的坚挺。

饣它汤是徐州排第一的名小吃,号称"城市名片",受追捧的程度,可见一斑。我头回在徐州吃它是路边摊上,无人介绍,也未特别留意,稀里糊涂就当胡辣汤喝下了。传说中雉羹的"原型"在饣它汤里依稀可见,野鸡换了家养鸡,麦仁替代了稷米。由简入繁是必然的:母鸡、猪骨、麦仁同煮,必要熬到汤汁浓稠,母鸡脱骨散架,盐、味精之外,五香粉、胡椒粉一起招呼,最后加香菜,淋香油。

我将它与胡辣汤混为一谈,不为无因:都是"羹",糊状,此外又皆味重,酸辣味突出,又以胡椒味最具统治力,"内容"的差异(胡辣汤里例有海带丝、面筋丝和碎

牛肉，饾汤则是鸡丝、麦仁）很容易因味道、口感的相类而被忽略。但饾汤的加蛋之举可明显地在二者之间划下道儿来。若并置一处，可明显看出胡辣汤的色深（因加入中药材），饾汤色近藕粉，隐现几丝蛋花。鸡蛋是现冲的，磕在碗里，搅成黄、白打成一片的蛋液，一勺滚烫的糊浇上去，立马蛋花浮现。在徐州，过去食客会自带了鸡蛋去早点铺，人气旺的店铺，人排队，鸡蛋被店家接过去，也排成一溜，煞是有趣。

早点干湿搭配的原则，似乎哪里都遵行的。饾汤扮演的，是南边豆浆豆腐脑、白稀饭小馄饨扮演的角色，搭配水煎包、萝卜丝油端,或是徐州独有的八股油条,均无不可。其地位,类比的话,等于河南人对胡辣汤,略等于苏南人的豆浆豆腐脑。后者我说"略等于",实因南边的习惯,豆浆豆腐脑等,加上改良后已本土化的胡辣汤,彼此有可替代性,饣它汤在徐州则是近乎独尊的局面。

一年四季,饣它汤从不缺席。不过徐州人也说,天寒时来一碗,最是过瘾。这很合于我的个人体验。我喝饣它汤,大多是在冬天。稠乎乎一大碗,搅一搅,热香扑面,一口下去,腑脏皆暖,脑门子出汗。很冲的胡椒味有醍醐灌顶之效,你若忽然生出一股子舍我其谁的豪气,有唱"大风歌"的冲动,也不意外。这份痛快,豆浆豆腐脑之类,绝对喝不出来。南边人吃早餐中的"稀"都是用调羹,徐州人在南京经营饣它汤,也入乡随俗用小勺了,但据说徐州本地人是用筷子的,功用主要在搅和,喝时端起碗直接上嘴,到将结束便呈以碗遮面之势。

从重味到喝法,不经意间,饣它汤就显露出它的北方底色。徐州在饮食地图上,属江苏的特区,淮扬菜的口味可以覆盖江苏大部分地方,从苏南到苏北,徐州却是绝对覆盖不了的。也难怪,从地形地貌到民情风俗,徐州原本就和鲁南、皖北连作一气,曾经是淮海省的首府,又曾经是山东的一部分。体现到饮食上,便是口重、味冲,饣它汤让这一点也见于早点了。

饣它汤皖北、鲁南(比如临沂)都有,都被当做本地特色，与徐州的大差不差，只是不以"饦"名。皖北有称"啥汤"的，临沂则称"糁汤"，网上还常见"撒汤"。其实即使在徐州，也不是"饦"的一统天下，最有名的"马市街饦汤"固然用这字样，是不是就足以服众却很难说，因为有些店家打出的是别的旗号："撒汤""䑾汤""糁汤"，皆有所见，真是"不一而足"，同一性只有一点，读音都是sha。各逞己意，也没有谁来"令行禁止"，结果到现在还是"散装"的局面。不像它的近亲，胡辣汤便胡辣汤，顶多"胡"有时写成"糊"，搞得外地人一头雾水，莫衷一是。有次在一家徐州人开的馆子里吃饭，问有无饦汤，回说菜单上的"胡辣汤"就是。干吗要这么叫呢？说是写"饦汤"南京人不懂，写胡辣汤才有人知道，反正也差不多。

  好好的，这不是让人家收编了吗？等于取消番号啊，徐州人情何以堪？

豆腐圆子与子糕

高淳这个地方,不大南京。

其一,从老城区过去,两百多公里,地理上距离远,放在过去,去一趟高淳,绝对是出远门的概念。从地图上看,高淳像南京探出去老远的一只触角,即使有溧水维系,也还像是"孤军深入"。

其二,说话与南京完全两样,南京话属北方话,高淳话却是吴语系的。同样是后来才"归化"南京的六合,说话与南京明显不同,一张嘴即可分辨,但六合话老南京人完全听得懂。高淳话则是完全听不懂。现而今高淳已成南京人的后花园,节假日过去逛老街游慢城已成家常便饭不说,练习开车都能一路过去当做训练场。过去沪宁线上的苏州、无锡更是短途旅游的选择,上海作为大码头则常扮演终结者的角色。身边出现无锡人、苏州人、上海人,或是与其相遇,概率要大大高过高淳人,相比起来,上海话、苏州话这些更典型的吴语,似乎比高淳话还更容易懂些。

很多时候我们与一个陌生地方的联系，没准倒是通过吃隔空建立起来的。到今天也还是这样，对南京及周边地方而言，高淳已然是固城湖螃蟹牢牢绑定，固城湖螃蟹成为高淳的符号，吃过的人远比去过高淳的人多得多。"秋风起，蟹脚黄"的时节，南京人挂在嘴边的已不是阳澄湖，而是固城湖了。

但高淳螃蟹大规模登陆南京街市是后来的事，我的记忆里，对高淳的物质记忆起于豆制品——这可以算是当地美食的先头部队。探亲访友的捎带馈赠不算，豆制品应该是南京人普遍知晓高淳的起点。大概是到20世纪90年代，"高淳"的字样开始在不少菜场的豆制品摊档上显山露水，以此我推断，以人群分，最先对"高淳"二字眼熟的，多半是逛菜场的人。

豆腐是中国人的发明，东西南北，哪里都有，各地也都有区域性的叫得响的豆制品，安徽采石矶的茶干，至少在南京，一度就颇有名声。凡去马鞍山的人，都会买了吃或是带回来。那是即食的，有点像苏州的蜜汁豆腐干，零食的性质，算是那个年头的旅游产品开发，尤集中出现在车站、码头、景点这样的地方。高淳豆制品不同，跑到菜场里安营扎寨，瞄着市民的菜篮子直奔厨房，这是介入日常生活的节奏。孤陋寡闻，我只知那时菜场里蔬菜有标产地的，豆制品而打出地方性的旗号，好像没见过（后来则是以品牌而非产地相号召）。

一段时间里，高淳凭着豆腐干在南京混了个脸熟，好名声一时无两。彼时在家请客还很普遍，豆腐菜上桌，主人往往不忘提示一句：我这是买的高淳豆腐干啊。可见高淳豆腐干在豆腐干中属上品，已成共识。家家菜场，似都有高淳豆腐干的一席之地——并不是专卖高淳的，别地的也卖，只是唯"高淳"要表而出之。这大有必要，我不止一次在豆腐摊上遇到顾客在询问：高淳豆腐干有没有？

豆制品涵盖甚广，就南京菜场里的高淳出品而言，却是略等于豆腐干，豆腐不大见，也不知是不是后者运输、保存更麻烦的缘故。豆腐干并非浪得虚名：较寻常干子更来得细腻、紧实，也更有豆的鲜。当然是烹炒煎炸，诸般皆宜，但以我的经验，还是凉拌时，其优势更能彰显，故凡要做凉拌菜，则非高淳豆腐干不取。

豆制品的做法大同小异，难有独得之秘，要说高淳豆腐干有什么了不得的地方，倒也未必。好多年后，我有机会向《高淳土菜》的编纂马永山先生请教，他对当地饮食了如指掌，说到豆制品，他告诉我，漆桥有家豆腐坊，远近闻名，问当家的如何做得这么好？回说，就是豆子选得好，用心做而已。答得实实在在，没半点虚玄，当然，也并不是要瞒下什么祖传秘方。各地好的豆制品，也无非如此吧。往正经里说，关涉到所谓"工匠精神"，只是"用心"二字，如今是越来越稀有了。

不知为何，高淳豆腐干与我们的日常有点渐行渐远的意思，大约是不敌一些豆制品大品牌的市场化运作吧。倒也不觉得有多么遗憾。只是高淳的几样豆腐菜，时在念中。既以豆制品闻名，高淳人餐桌上的豆腐菜自然花样繁多。这里面最特别而别处未见的，是豆腐圆子和烩子糕。

豆腐圆子和油豆腐果一般大小，只是作圆形，子糕则是饼状的，下锅烩之前才切成菱形的块。虽形状有异，做法上却有相通之处。一是先将豆腐捏碎掺以他物，圆子加入鸡蛋，子糕加入鸭蛋；二是最后都以油炸来定型，圆子是团成球状就炸，子糕是先上笼蒸了，切成条再炸。豆腐中混入鸡蛋、鸭蛋，味道变得丰富，经油炸又特别入味，子糕蒸出许多孔隙，又富弹性，用肉汁烩了，或者径直与红烧肉同烧，饱吸肉汁肉香，真是美味。

加入鸡蛋鸭蛋是豆腐圆子和子糕的初始形态，后来与时俱进，又加入了肉碎，近年所食，多是改良版，以我的口味，只觉更好。

豆腐与别物做一处，客家名菜酿豆腐已开先例，只是那是"酿"的思路，与苦瓜酿肉、面筋塞肉之类略同：都是以肉为馅，"酿"入其中，唯酿豆腐是将豆腐块剜去一块，馅呈敞开状，半露其上而已。豆腐圆子和子糕则是将豆腐掰开揉碎，混入鸡蛋鸭蛋肉碎，已是浑然一体。与酿豆腐相较，别成一种风味。也许是因为多取烩的方式，特别随意家常，在我看来，尤有农家色彩。

我之于豆腐圆子和子糕，只知其味而不知其所以然，肉碎怎么跑到豆腐里去，很长时间于我都是一个谜。出于好奇，翻了翻菜谱，高淳的土菜，当然是本地人写的菜谱，一不小心，也用本地说法。我才看到"原料"就绊住了，原料是"胖豆腐"。胖豆腐是什么豆腐？什么样的豆腐可以称"胖"？当然忖度一下，我也猜出来了：就是豆腐，高淳人习惯这么叫，许是喻其相较其他豆制品的胖大而已。"胖"是对"瘦"而言，倒未见有相对出的"瘦豆腐"，以豆腐干的缩微迷你，似乎这么称呼也应景。

豆腐圆子和子糕的所以然，其实根本不待翻菜谱而后知，随便问个有点年纪的高淳人，都能跟你细细道来，因为他们不是亲手做过，就是见人做过。据说红白喜事，缺了这两样就不成席。倘红白喜事不常见，那逢年过节，则是家家户户都要做的——不是去菜场买回，是自己做，过年尤其如此，就像有段时间，南京城里过年时家家户户做蛋饺。与平日不同，过年的准备吃食，端的是大动干戈式，做好的豆腐圆子和子糕，不是一顿两顿，得够吃上一阵子。于是进得人家，咸鱼腊肉之外，又常见竹篮高悬，里面摊放着高淳独有的豆制品。

我很奇怪高淳早已成为南京一部分了，豆制品又几乎是有口皆碑，豆腐圆子和子糕却还没在南京城里显山露水，高淳土菜馆里或者偶一现身，菜场里却终是不见踪影。因了火锅的时兴，卖各种丸子、肉饼、鱼糕的摊档已属菜场标配了，从肉丸、鱼丸、鸡酥、蛋杯到荠菜圆子、藕圆子、萝卜圆子，总有十几二十种，独不见豆腐圆子和子糕。莫非是它们尚未找到自己的"应用场景"？想象一下，这两样在火锅或是汤菜里，确实不大容易出彩，但是可以买回家烩嘛——这有何难？

转儿又想，留着些许土特产的意味，在自己的背景下原汁原味，倒也不错。反正以现在的交通之便利，想吃也不难，随便驾车，还是坐地铁，说分分钟就吃上太夸张，总不过类似一场郊游而已——不就是去趟高淳区吗？

十样菜

若以各地过年标志性的吃食看人的性情，那得出的结论可能是，南京人相当之"佛系"。南京人的过年，自然也是大鱼大肉时刻，平日不得食或餐桌上难得一见的各种硬菜，此时少不得隆重端上，但万变不离其宗，堪称年菜之最的，当推"十样菜"。

"十样菜"容有种种的变通，纯素的定性，却是板上钉钉，不可更改的。餐馆的出品，以"绿柳居"最为有名，多少也与它家是大大有名的素菜馆有关。不管哪里，春节的餐桌上都有荤有素，而在"吃素"上郑重其事的，恐怕是南京。

十样菜的南京属性，从新老南京人的态度就可见一斑。在过去，够不够南京，吃不吃、做不做十样菜，是检验的一个标尺。自做十样菜，几乎可以视为老南京的标识。第一代移民，多半还随身携带着家乡的传统，尤其是老辈的人，地方饮食畛域分明，传统还相当完整、牢

固，且20世纪50年代至70年代，大体是农村包围城市的态势，绝大多数人家，年菜绝对"自力更生"，四川人忙着做"头碗"，高淳人忙着做豆腐圆子、子糕，我父母是泰兴人，年三十必忙着做馒头。十样菜对新移民，差不多是一个异地的传说。由传说变为可及，是有了售卖的"素什锦"之后。

"十样菜"的说法，我也是很迟才知道，很长时间只知"素什锦"。"什锦"用于食物，指多种原料制成或多种花样拼合而成的食物。南京之外，说"什锦"，可能首先想到的是其他，比如什锦糖、什锦酱菜之类。四川一些地方的年菜称为"荤十锦"，著一"素"字，倒也可以将南京别白出来。只是正本清源，老南京都称"十样菜"，这才见得地道,更其"南京"。

"十"喻其样数之多,并非正是十样。多可至十三四样,上不封顶,少则六七样、七八样,亦无不可。当然样数不可太少,且以多为高,样数太少则"十样"——杂炒杂拌的菜,别地也多得是,唯一素到底,且多到"十样"之谱,似未见其他。

究竟是哪"十样",也并无一定之规。饮食上的标准化,大都是餐饮成"业"才形成的,若家家户户好自为之,必是花样百出,难以一律。现今任什么市场上都能买到,过年的年菜亦复如此,但南京人家有不少还是坚持自己做,一大好处正在于可自加斟酌、变通,十样菜之"十样",因此也有更大的变数。

只是"基本面"或"基本款"还是有的。芹菜、菠菜、豌豆苗、荠菜、金针菜、木耳、香菇、藕、茨菇、油豆腐、雪里蕻,都是。堪称大规模的跨界,因十样菜横跨了干货(木耳、金针菜)、腌菜(雪里蕻)、新鲜蔬菜(芹菜、荠菜、藕、茨菇等,有绿叶,有根茎)、豆制品(油豆腐、百叶等)四界。未必全部同时登场,同类往往是可彼此替代的关系,比如油豆腐上了,没准就不用百叶,有荠菜了,豌豆叶可免,虽说一起上阵也无妨。关键是,不能缺类,各界都须有代表,少数也得有。

咸菜就必须有。以我所知,与雪里蕻同为一类,可供替代的,有腌菜、酱瓜、榨菜。但后面几样出现的概率极小，因此雪里蕻几乎独成其类，可说是凭一己之力支撑大局。我所谓"大局"，是因雪里蕻的存在，十样菜隐然有了一点咸菜的风韵。减去或以某样蔬菜顶替了雪里蕻，对十样菜即或不等于灭顶之灾，在我看来，也有釜底抽薪的意味。

但十样菜显然不是咸菜，以含"咸"量而论，它比过年时餐桌上也常见的"炒雪冬"（雪里蕻冬笋）更不是。咸菜是下稀饭、泡饭的，本是因陋就简的性质，过年不图这个，相反，是难得铺张的时候，哪能将就着"下饭"？十样菜不同，可以大口吃，甚至可以下酒的。

可下饭，可下酒，已是两栖，十样菜非此非彼、亦此亦彼的特性，还有可说：说凉菜不是凉菜——没听说过凉菜是先经炒制的，说热菜又不是热菜——固然不妨热着吃，凉着吃却是基本打开方式。

我说先经炒制，恐有以偏概全之嫌，因十样菜也可以是——烫熟之后再用香油拌。无可争议者，不拘炒还是烫，十样菜绝对是一道功夫菜。这里"功夫"主要不是指向厨艺的精湛，而是说，得花力气，花时间。那么多样菜，得一一择洗、泡发不说，还得一样一样分别炒好或烫熟。东北有一锅炖的"乱炖"，十样菜若不分彼此一起下锅则属乱来。一样一样，得依其特性，各做处理，胡萝卜得腌一下滗去水分再炒，方能保其色泽鲜艳；菠菜最好烫几分熟再加入最后的大会师式的合炒，否则会太烂……

就是说，十样菜大有讲究。过年不讲究何时讲究？而且这可以是从下到上的讲究，家家户户都讲究得起。当然讲究到什么程度，没有底。我的连襟，地道老南京，奶奶是大户人家出身，过年做十样菜绝对是打起十二分精神。其讲究更在对丝状的要求，刀工之好不用说，凡可细切者皆切得极细，最绝的是黄花菜用针挑，挑成丝丝缕缕。据说这样极能入味，口感又绝佳。

为何是这"十样"，而不是那"十样"？得从舌尖上说，从视觉上说，还要加上寓意的赋予。食材的去取，"合为时而作"是总原则，冬春之际，菜场上能见的，不说"全伙在此"，也有十之八九。另一方面，我觉得多少也是遥承本地人爱食野菜的余绪。

种种的寓意、口彩，何时都能成立，但既是为过年而设，也应是在春节被特别地"赋能"。事实上，就像现在年糕早已不是与春节绑定的年食，十样菜也早就不是过年才出现的年菜了。既然嘴馋，何必非等到过年？只不过，未必打着"十样菜"的旗号而已。南京街头的卤菜店，有不少都有多种食材混合凉拌的素菜，可视为简版的十样菜，而"绿柳居"在大超市里设的专柜，素什锦是常年供应的。又有高端餐厅，将十样菜当做南京特色提档升级，十朝公园里新开的一家"元景宴"，就当做冷碟的一味，位菜上的上法已是往升俗为雅的路了去了，大厨还强调，他家的十样菜独一份——能吃出锅气。

"自力更生，丰衣足食"的年代渐行渐远，过年时的十样菜也多由市场代庖了。春节前夕，菜市场左近必冒出一些做十样菜的，又必有一些居民中名声素著的摊点前排起队来。这属于专业的人做专业的事。各家自做，多者不过五斤十斤，不说一一拣择切洗，一一炒制或烫熟的费时费力，单是须买上十样以上，每样又所需不多，就叫人不耐。

但是据我所知，仍有不少地道老南京，在十样菜上仍不肯假手于人。累归累，"忙年"却也是过年题中应有的一部分，自做十样菜乃是"忙年"最重要的内容，应该是老南京坚持过年仪式感的"最后的倔强"了吧？

黄桥烧饼

中国地大人多，分东西南北。东南西北的人，都吃烧饼。这里面名气最大的，恐怕要数黄桥烧饼。不是因为用料讲究，也不是因为做法特别，乃是因为新四军东进，与蒋介石的部队在黄桥那一带打仗，老百姓劳军，送上来的就是这个。所以黄桥烧饼也可以说是一战成名。

我母亲就是黄桥地方的人，但我很长时间对黄桥烧饼只知其名，却没见识过。老家来人，似也从未当土特产带来城里。倒是有一种长方形的饼，用油不多，无馅而微甜，可长时间摆放，吃时又无需烘烤加热的，因母亲爱吃，亲戚背来过好多回。却不称作"黄桥烧饼"，叫"脆饼"，以其酥脆、油少，用的也是较粗的面粉，因此是一种粗糙而非精致的酥脆，在乡下，那就相当于城里人吃的干点了吧。

大概到20世纪80年代以后，南京街头才出现卖黄桥烧饼的摊点，常是个体户弄个硬纸板，上书"黄桥烧饼"四字。饼盛于长方的铁盘，其形状与脆饼相去不远，却油润得多，又撒以葱花，有一股葱油的香味。这是现做现卖现吃的，铁盘也就是烤盘。

直到1985年回老家以前，我以为那就是黄桥烧饼了。在泰兴县城和黄桥镇上的所见却又让我已然建立的概念重新陷入混乱。当时到处都在"开放搞活"，也是因地制宜吧，这里首先烧饼就"活"起来，满眼都是黄桥烧饼的幌子。幌子下面所售，与南京所见大大不同，个头很小，近于一两两块的小烧饼，分长、圆两种，有馅，长为咸，里面是肉松，圆为甜，馅为板油与白糖。外地人要带土特产馈赠亲友，此为首选。包装与今不能相比，是极粗劣的硬纸盒，一盒结结实实塞有二十块以上。尚未到家，里面的油已然力透纸背地沁出来。冷着吃未见其好，总要放在铁

锅里小火炕上几分钟，才见酥脆，而锅里总是余下许多从饼面上脱下的芝麻屑。

后来我才知道，黄桥有各种各样的烧饼，擦烧饼、涨烧饼，等等，不一而足。用料、做法、形状、口味，各个不同。若为泛指，黄桥所产，都可叫做黄桥烧饼，何以那种有馅多芝麻的小烧饼能够定于一尊，独享"黄桥烧饼"之名，我不知道，想来总不出于"与时俱进"四个字。

但这当然不是当年新四军吃的那一种，降至70年代，老百姓还是以吃饱而非吃好为追求的，那样细巧的烧饼，南京城里都稀罕，遑论几十年前乡下小镇？当年几千人的大军要吃饭，芝麻、肉松，想想都奢侈。其时传唱的《黄桥烧饼歌》唱曰："黄桥烧饼，黄又黄，黄黄的烧饼慰劳忙……"于烧饼形色仅及于"黄又黄"三字，与我看到的一条资料多少有近似处："那时的黄桥烧饼只是一种简单的酒酵面饼，面粉用酒酵发酵，然后在草炉上加少许油，用小火烘烤成两面焦黄即成，形状如一个倒扣着的小脸盆。"但这里"在草炉上加少许油"让人不明不白：如果油是刷在炉壁上，则饼还是在炉中烤出，"小脸盆大"的家伙如何贴得住？我因此怀疑这其实即是老家人说的"涨烧饼"。这饼就是发面，在锅底涂上一层油，须小火，火大了必煳，经烘烤表面结为一层硬壳，加热时面还在"发"，故谓之"涨烧饼"。锅好比模子，好了扣出来，确有小脸盆大小，切了分食的。

然而这是自做的，不知当年是否也卖。现在则有卖的了，而且在靖江的季市，还打出了"古镇美食"的旗号。我妹妹有次驾车送母亲回老家暂住，路经季市发现了，小店铺里一个个偌大偌大、金黄灿灿很是抢眼。买回南京分一个给我，太实诚了，吃了好多天。这一吃唤醒了我多年前吃涨烧饼的印象：因是酒醪发酵，它内里有一种类于酒酿饼的甜，外面的那层厚厚的壳则是焦脆的油香，一口下去，软硬兼施，香甜并作，口感、味道皆有参差对比之妙。后来又见过一段视频，演示镇上生意奇好的一家如何制作。色拉油搁得委实不少，多到我怀疑自家"涨烧饼"乃"黄桥烧饼"真身的大胆假设是否成立：假如当年新四军的军粮里肉松的出现难以想象的话，如此挥霍地用油，似乎也不大可能。因视频上所见，不是油炸也近乎锅贴的那种油煎了。

当然，涨烧饼肯定也是进化了，与当年我所食家中自做的相比，油得多，是家常菜与馆子菜的那种差别。劳军的"黄桥烧饼"，应该更朴素。这样想来，我关于《黄桥烧饼歌》中所唱或为涨烧饼的猜测，未必就不能成立。